Kokou Essossimna Nicolas Atcholi
Essolé Thomas Padayodi
Dominique Perreux

Les Argiles et les Fibres Naturelles Cellulosiques du Togo

Kokou Essossimna Nicolas Atcholi
Essolé Thomas Padayodi
Dominique Perreux

Les Argiles et les Fibres Naturelles Cellulosiques du Togo

Une Alternative des Matériaux de Construction

Presses Académiques Francophones

Mentions légales / Imprint (applicable pour l'Allemagne seulement / only for Germany)
Information bibliographique publiée par la Deutsche Nationalbibliothek: La Deutsche Nationalbibliothek inscrit cette publication à la Deutsche Nationalbibliografie; des données bibliographiques détaillées sont disponibles sur internet à l'adresse http://dnb.d-nb.de.
Toutes marques et noms de produits mentionnés dans ce livre demeurent sous la protection des marques, des marques déposées et des brevets, et sont des marques ou des marques déposées de leurs détenteurs respectifs. L'utilisation des marques, noms de produits, noms communs, noms commerciaux, descriptions de produits, etc, même sans qu'ils soient mentionnés de façon particulière dans ce livre ne signifie en aucune façon que ces noms peuvent être utilisés sans restriction à l'égard de la législation pour la protection des marques et des marques déposées et pourraient donc être utilisés par quiconque.

Photo de la couverture: www.ingimage.com

Editeur: Presses Académiques Francophones est une marque déposée de
Südwestdeutscher Verlag für Hochschulschriften GmbH & Co. KG
Heinrich-Böcking-Str. 6-8, 66121 Sarrebruck, Allemagne
Téléphone +49 681 37 20 271-1, Fax +49 681 37 20 271-0
Email: info@presses-academiques.com

Produit en Allemagne:
Schaltungsdienst Lange o.H.G., Berlin
Books on Demand GmbH, Norderstedt
Reha GmbH, Saarbrücken
Amazon Distribution GmbH, Leipzig
ISBN: 978-3-8381-8974-1

Imprint (only for USA, GB)
Bibliographic information published by the Deutsche Nationalbibliothek: The Deutsche Nationalbibliothek lists this publication in the Deutsche Nationalbibliografie; detailed bibliographic data are available in the Internet at http://dnb.d-nb.de.
Any brand names and product names mentioned in this book are subject to trademark, brand or patent protection and are trademarks or registered trademarks of their respective holders. The use of brand names, product names, common names, trade names, product descriptions etc. even without a particular marking in this works is in no way to be construed to mean that such names may be regarded as unrestricted in respect of trademark and brand protection legislation and could thus be used by anyone.

Cover image: www.ingimage.com

Publisher: Presses Académiques Francophones is an imprint of the publishing house
Südwestdeutscher Verlag für Hochschulschriften GmbH & Co. KG
Heinrich-Böcking-Str. 6-8, 66121 Saarbrücken, Germany
Phone +49 681 37 20 271-1, Fax +49 681 37 20 271-0
Email: info@presses-academiques.com

Printed in the U.S.A.
Printed in the U.K. by (see last page)
ISBN: 978-3-8381-8974-1

AVANT PROPOS ET REMERCIEMENTS

Ce document est le fruit d'une synthèse des activités de Recherche et de Formation Doctorale menées dans le cadre d'une Coopération de formation par la recherche associant les chercheurs de l'UTBM (Université de Technologie de Belfort-Montbéliard), de l'UFC (Université de Franche-Comté à Besançon), de l'UL-Togo (Université de Lomé), de l'UK-Togo (Université de Kara) et du CCL-Togo (Centre de la Construction et du Logement au Togo) avec le soutien du Ministère Français des Affaires Etrangères par son Service de Coopération et d'Action Culturelle de l'Ambassade de France au Togo (SCAC-Lomé).

Que toutes les autorités de l'UTBM, UFC, UL-Togo, UK-Togo, CCL-Togo, les responsables du SCAC-Lomé (Ambassade de France au Togo), trouvent ici toute notre sincère gratitude pour tous les soutiens multiformes avec un merci particulier, pour leurs contributions directes ou indirectes, aux collègues Prof. Komla SANDA (UL-Togo), Dr Ouro-Djobo SAMAH (CCL-Togo), Prof. Dominique PERREUX (UFC-Besançon, France), Prof John VANTOMME (Ecole Royale Militaire de Bruxelles, Belgique), Prof. Jean-Claude SAGOT (UTBM, France), Prof. Tibi BEDA (Université de N'Gaoundéré, Cameroun), Dr Nazaire SOGOYOU (Université AIX-Marseille, France), Prof. Toyi ASSIH (UL-Togo), Prof. Komi TCHAKPELE (UL-Togo), Prof. Takouda KPATCHA (UL-Togo), Prof. Gado TCHANGBEDJI (UL-Togo), Prof. Kossi GNEYOU (UL-Togo), Dr Comlan KADJE (UL-Togo), Dr Essolé Thomas PADAYODI (UTBM, France) auteur d'une thèse en partie objet de cette synthèse de nos travaux.
Ces remerciements vont également aux étudiants formés en DEA et en thèses à l'UTBM sur la thématique des Argiles et des Fibres naturelles lignocellulosiques.

Avant tout pédagogique et de recherche, ce livre a pour objet de sensibiliser le lecteur aux nouveaux enjeux de Développement Durable en lui apportant les connaissances nécessaires pour l'utilisation et la valorisation des ressources naturelles (argiles et fibres végétales) dans l'élaboration des produits et matériaux de construction innovants à faible impact carbone ; ceci dans une démarche éco-bénéficiaire conciliant les traditions artisanales d'utilisation des argiles et des fibres naturelles (la poterie, l'art, la vannerie, la corderie...) et les techniques modernes de conception, d'innovation et de construction respectueuses de la santé humaine et de l'environnement: facteur important pour les marchés émergents des pays en voie de développement où ces ressources naturelles sont abondantes et disponibles..

A l'issu de ce travail, une synoptique du travail des argiles et d'élaboration des produits en terre cuite a été mise à la disposition du CCL-Togo.

K.E. ATCHOLI

SOMMAIRE

INTRODUCTION GENERALE

Dans la plupart des pays en voie de développement, le besoin en logement reste un problème épineux et d'actualité défiant les efforts de nombreux projets de construction. Ce problème est d'autant plus préoccupant que les matériaux de construction, dits modernes, se font de plus en plus chers pour des économies déjà en crise. Ces matériaux importés sont de surcroîts inadaptés à l'environnement de ces milieux et entraînent généralement des problèmes d'inconfort thermique et de corrosion.

En effet, l'emploi de ces matériaux est à la fois perçu par les mentalités comme preuve de modernité et de richesse, voire de maîtrise technologique. Dès lors est apparue dans ces pays une course effrénée vers la dite modernité en adoptant des projets de construction qui sont incohérents avec leurs climats et surtout leurs réalités économiques. Cette conception de la modernité a empêché pendant longtemps la consommation des ressources locales et corrélativement, toute initiative de leur valorisation. Cet état de chose explique en partie le grand fossé entre les centres urbains modernes, réservés aux nantis, face à un monde rural aux habitats désuets.

L'importation des matériaux de construction est également source de sortie massive de devises et contribue au maintien de l'économie de consommation de ces pays.

Enfin, ces matériaux modernes gagnent aujourd'hui le milieu rural des pays en voie de développement et s'il est indéniable de leur reconnaître diverses qualités techniques et performances mécaniques, il n'en est pas moins vrai qu'ils dénaturent ce cadre de vie initialement naturel.

Conscient que ces pays regorgent de ressources naturelles inexploitées pouvant résoudre nombre de problèmes, en particulier celui du logement, nous Universitaires et auteurs de ces travaux de recherche, nous nous sommes fixés pour objectif de valoriser ces ressources naturelles locales disponibles (Argiles et Fibres Naturelles) par une recherche appliquée répondant aux besoins des utilisateurs et aux exigences écologiques actuelles.

Dans cette optique, la présente étude s'inscrit dans le cadre d'un programme de coopération et de formation par la recherche associant les chercheurs [1] l'Institut de Recherche sur les Transports, l'Energie & la Société (IRTES EA7274)/Laboratoire Systèmes & Transport (SeT EA 3317)/Equipe Ergonomie & Conception de Systèmes (ERCOS) du Département Ergonomie Design & Ingénierie Mécanique (EDIM) de l'Université de Technologie de Belfort-Montbéliard (UTBM, France), le Laboratoire de Mécanique Appliquée Raymond Chaléat (LMARC) de l'Université de Franche-Comté (UFC, France), l'Unité de Recherche sur les Matériaux et les Agroressources de l'Université de Lomé (URMA, UL, Togo) et le Centre de la Construction et du Logement (CCL, Togo).

Cette étude contribue à la mise au point de matériaux de construction écologiques à base d'argile et de fibres naturelles cellulosiques du Togo (Annexe I). L'objectif final vise à élaborer des tuiles et des briques à faible coût, pouvant concurrencer techniquement les matériaux de construction classiques connus.

Le choix a porté sur les argiles et les fibres naturelles cellulosiques pour leur abondance au Togo et leur faible coût d'approvisionnement. L'étude a porté sur six variétés d'argiles prélevées sur de grands gisements et fournies par le Centre de la Construction et du Logement (CCL, Togo), principal partenaire industriel chargé de la vulgarisation et de la dissémination des résultats de nos travaux et les fibres naturelles cellulosiques fournies par l'URMA UL, Togo.

L'intérêt premier de cette approche scientifique est d'apporter aux professionnels artisanaux, un savoir-faire adapté au milieu rural et à l'industrie moderne des tuiles et briques, une connaissance scientifique assurant une réelle valeur ajoutée à la production.

L'initiative de la conception des tuiles et briques à base des produits naturels locaux implique une investigation et une recherche accrue, ces produits n'ayant fait l'objet d'aucune étude scientifique antérieure. Nous procéderons d'une part, à l'étude de la faisabilité de mise en œuvre de matériaux à base des six variétés d'argiles et d'autre part, à l'étude de la faisabilité de la conception d'un nouveau matériau écologique et économique : la tuile verte dont la structure est constituée de la matrice d'argile renforcée de fibres naturelles cellulosiques.

Dans cette démarche nous proposons, une étude structurée en deux parties: une étude bibliographique faisant l'état de l'art (en trois chapitres) et une étude expérimentale.

Nous présentons très succinctement au premier chapitre, les généralités sur les argiles, les différentes familles d'argiles et la structure du minéral argileux en introduisant les notions de plasticité des pâtes d'argile, principale propriété bien connue des professionnels des tuiles et briques.

Le deuxième chapitre fait l'état de l'art sur les techniques de fabrication de matériaux de construction en argile. Pour répondre au mieux aux attentes des pays en voie de développement, nous présentons une expertise qui tient à la fois compte des réalités techniques et économiques des utilisateurs. Dans cette optique, nous présentons une expertise des techniques souples et flexibles de mise en œuvre applicables en milieu rural et une expertise exposant des techniques et savoir-faire applicables dans l'industrie des tuiles et briques au Togo.

Le troisième chapitre présente les généralités sur les fibres naturelles cellulosiques. Nous présentons succinctement quelques fibres végétales tropicales et leurs caractéristiques technologiques et propriétés mécaniques.

La deuxième partie de cette étude expose les travaux expérimentaux qui permettent une meilleure connaissance scientifique des argiles et des fibres. La grande divergence des propriétés physico-chimiques des fibres et du comportement thermomécanique des argiles fait de chaque variété de fibres et de chaque gisement d'argile un cas d'espèce. Aussi nous menons un travail de fond en comble sur six variétés d'argiles et trois variétés de fibres naturelles, ceci en vue d'ouvrir les différentes pistes aux futurs travaux de recherche aussi bien sur les matériaux céramiques à base des argiles que sur les composites à renfort de fibres végétales. Cette partie expérimentale fait l'objet de cinq chapitres.

Au premier chapitre, nous présentons les études de caractérisation physico-chimique des différentes argiles en l'état de barbotines et de pâtes. Ces caractérisations permettent particulièrement de déterminer, pour chaque variété d'argile, les limites de teneur en eau entre lesquelles les pâtes d'argiles sont propices à la mise en forme. Ces limites dites d'Atterberg, spécifiques à chaque gisement, sont indispensables pour assurer une meilleure qualité aux produits finaux. Pour une application industrielle, ce volet présentera également un traitement chimique des pâtes permettant d'améliorer la qualité et la tenue mécanique du matériau résultant.

Compte tenu des difficultés que présente l'opération de séchage au cours de l'élaboration des tuiles et des briques, le deuxième chapitre est consacré à l'étude expérimentale et à la modélisation du séchage de matrices d'argile. Cette double approche a pour objectif de résoudre l'épineux problème de fissurations et de déformations des matrices au cours des opérations de séchage.

Le troisième chapitre est consacré à la caractérisation physique et thermomécanique des matrices d'argiles. Cette caractérisation permet de déterminer, entre autres, l'aptitude des matrices de chaque variété d'argile, à l'absorption d'eau et la tenue mécanique des matrices cuites entre 500°C et 1060°C. Des tests mécaniques effectués sur ces matrices à l'état sec et à l'état humide permettent de prévoir leur comportement à l'intérieur du mur ou de la toiture et face aux intempéries des milieux tropicaux.

Enfin, une approche de mélange de variétés différentes d'argiles permet de relever unes des nombreuses difficultés de « casses de pots à la cuisson » observées par les potières, casses inhérentes à l'ignorance des potières qui mélangent sans distinction, toutes les variétés d'argiles qu'elles récoltent aussi bien au concassage qu'à la mise en forme artisanale des poteries. Les argiles étant constituées d'éléments minéralogiques différents et de coefficients de dilatation différents, un mélange quelconque des argiles engendre à la cuisson et aux températures d'émaillage ou de vitrification, des contraintes internes résiduelles dans le matériau et donc de multiples fissurations du produit.

Avec l'ignorance et la lourdeur des traditions, il n'est pas facile de faire comprendre à une potière « paysanne » que les nombreuses casses de ses pots à la cuisson ne sont pas le fait des effets néfastes d'une sorcière qui lui en voudrait et à qui il faut à tout prix offrir des sacrifices en immolant soit un poulet et/ou un mouton en prévision de moins de casses à la prochaine cuisson des pots.

Pour répondre en partie à cette ignorance et prévenir les casses et améliorer le rendement à la cuisson de cette potière « paysanne » ou d'un professionnel non avisé, nous avons procéder dans cette étude, à une série de mélanges de différentes argiles à différentes proportions pour mettre en évidence les incompatibilités des argiles et les seuils de mélanges possibles pour limiter les casses à la cuissons des produits argileux.

Au chapitre quatre nous présentons la caractérisation physico-chimique des fibres naturelles cellulosiques avec les différents traitements chimiques de fibres en vue de leur utilisation dans les matrices d'argile comme éléments de renforts.

Au dernier chapitre de cette étude, nous présentons les résultats des essais de validation effectués conformément aux normes sur les matériaux de construction. Confortés par les résultats de caractérisation validés, nous avons déduit la meilleure variété d'argiles et la meilleure variété de fibres offrant la meilleure tenue mécanique. Le renforcement de la matrice de la meilleure argile par les meilleures fibres permet d'élaborer un matériau composite aux intérêts écologiques et industriels indéniables.

PREMIERE PARTIE

ETUDE BIBLIOGRAPHIQUE SUR LES ARGILES ET LES FIBRES
NATURELLES LIGNOCELLULOSIQUES

CHAPITRE I : GENERALITES SUR LES ARGILES

I- INTRODUCTION

L'argile est l'une des matières premières les plus répandues mais elle reste encore peu connue. L'argile se répartie en fonction de la structure des éléments cristallins constitutifs en familles minéralogiques.

Au sein d'une même famille, l'aptitude au modelage de chaque matière première et la qualité de la matrice résultante dépendent en partie de la granulométrie de l'agrégat et de sa composition chimique. Mais la répartition granulométrique et la composition chimique sont elles-mêmes dépendantes du mode de formation de l'argile.

Lorsqu'elle provient de la destruction d'une roche éruptive, l'argile restée sur place est fine et se présente sous sa forme pure appelée kaolin ou argile blanche. En revanche, les eaux en mouvement transportent les éléments du granit décomposé et leur sédimentation donne naissance à des matières premières fortement chargées d'oxydes métalliques. Ce sont ces composés chimiques qui donnent aux matières premières leurs différentes colorations naturelles.

Aussi distingue-t-on, suivant la nature de l'oxyde qu'elles contiennent, différentes variétés d'argiles : l'argile rouge colorée par l'hématite rouge (oxyde ferrique contenant du cuivre), l'argile verte colorée par l'oxyde de fer, l'argile blanche dont la coloration est due à sa composition exempte d'impuretés, etc.

Cette diversité et complexité de l'argile nous conduit à consacrer ce premier chapitre à un aperçu rapide qui a pour but de nous familiariser avec cette matière.

II- LE MINERAL ARGILEUX

II-1. Minéralogie des argiles

En minéralogie, les argiles regroupent les minéraux constitués de particules fines de diamètre inférieur à 2 µm entre lesquelles existent des forces de cohésion importantes. Les argiles ont une structure microcristalline. Les particules sont des agrégats résultant de l'empilement de feuillets élémentaires. La forme du feuillet varie avec la nature du minéral. Les minéraux argileux sont constitués de deux *éléments cristallins* organisés en structure complexe [2;3;4] :

- un élément tétraédrique : la silice SiO_2 (figure 1-a) et

- un élément octaédrique : l'hydroxyde d'aluminium $Al(OH)_3$ (figure 1-b)

(a) SiO_2 (b) $Al(OH)_3$

Figure 1 : Eléments cristallins constitutifs du minéral argileux :

(a) élément tétraédrique;   (b) élément octaédrique

Les différents empilements de ces éléments en couches constituent les feuillets, caractéristiques du minéral d'argile. Suivant l'épaisseur et la structure du feuillet, les argiles peuvent être classées en différentes familles minéralogiques [2;3;4] :

- **Les kaolinites**, $Si_2O_5Al_2(OH)_4$: d'une épaisseur de l'ordre de $7\overset{o}{A}$, le feuillet est constitué d'un élément tétraédrique et d'un élément octaédrique (figure 2-a). Les liaisons entre les feuillets sont assurées par des atomes d'oxygène. Les kaolinites sont très employées dans l'élaboration de la porcelaine.

- **Les illites :** Le feuillet est constitué de deux éléments tétraédriques et d'un élément octaédrique (figure 2-b). L'épaisseur du feuillet est de l'ordre de $10\overset{o}{A}$. Les liaisons entre les feuillets sont assurées par les ions K^+ qui empêchent la pénétration de l'eau. Ces argiles présentent par conséquent un faible retrait au séchage et sont employées en briqueterie et en tuilerie.

- **Les smectites ou montmorillonites** : Le feuillet est constitué de deux éléments tétraédriques et d'un élément octaédrique (figure 2-c). L'épaisseur du feuillet est de l'ordre de 14 Å. Les liaisons entre les feuillets sont des liaisons faibles. Les particules d'eau peuvent s'y glisser plus facilement en faisant croître l'épaisseur du feuillet : ces argiles sont gonflantes avec un important retrait au séchage, d'où leur faible emploi dans l'industrie de la terre cuite (tuilerie - briqueterie, etc.).

- **Les argiles interstratifiées** : Elles ne constituent pas une famille minéralogique proprement dit mais sont formées de plusieurs types de feuillets régulièrement empilés.

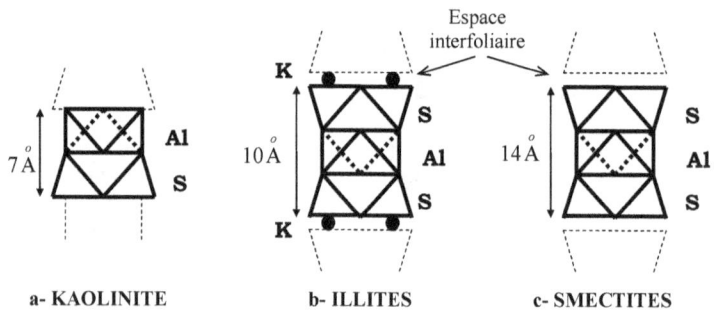

Figure 2 : Structure des principaux minéraux argileux par famille minéralogique

II-2. Surface spécifique des argiles

Elle est définie comme étant la **surface totale** d'une particule rapportée à l'unité de masse et s'exprime en **m^2/g** [5; 6]. La surface totale d'une particule solide d'argile représente la surface externe pour les illites et les kaolinites et les surfaces externe et interne pour les smectites [3].

La surface spécifique conditionne la fixation de l'eau sur les particules argileuses et les propriétés qui en résultent. L'importance des surfaces spécifiques des smectites expliquerait leur mauvais emploi en tuilerie et briqueterie. En effet, les feuillets des particules de ces argiles offrent une importante surface interfoliaire qui absorbe l'eau et les rend gonflantes, d'où leur important retrait au séchage.

La technique de mesure de la surface spécifique est appelée essai au bleu de méthylène. Elle est basée sur les propriétés d'absorption des argiles. La surface spécifique est déterminée en évaluant la quantité de bleu de méthylène nécessaire pour recouvrir d'une couche monomoléculaire, les surfaces internes et externes de toutes les particules argileuses présentes dans 100 g de matière [3, 7].

Le tableau 1 donne l'ordre de grandeur des surfaces spécifiques par famille minéralogique d'argiles [3].

Tableau 1 : Surfaces spécifiques par famille minéralogique

	Valeurs moyennes par famille d'argile		
Familles d'argile	Kaolinites	Illites	Smectites
Surface spécifique (m²/g)	10 à 30	70 à 140	700 à 800

III- L'HUMIDITE DANS LES ARGILES

III-1. Différentes formes d'humidité dans une particule d'argile

Suivant son affinité avec les particules argileuses, on distingue l'eau libre ou l'eau interstitielle et l'eau liée [3; 4; 5; 7; 8] (figure 3).

III-1.1. Eau libre ou eau interstitielle

Cette phase constitue le milieu de suspension remplissant l'espace intergranulaire de la pâte. Elle provient essentiellement de l'humidité du milieu naturel de l'argile ou de l'humidité de malaxage lors de la préparation de la pâte. L'eau libre n'a pas fait l'objet de recherches particulières et possède les propriétés usuelles de l'eau normale. C'est l'évaporation de l'eau libre qui provoque, au cours du séchage, le resserrement progressif des particules solides les unes par rapport aux autres. Ce phénomène est le retrait de la matrice. Sous certaines conditions (gonflement, floculation, création de nouvelles surfaces, etc.), une partie de cette eau peut se transformer en eau liée qui, en revanche, a fait l'objet de recherches et d'analyses de plusieurs auteurs tels que Polubarinova-Kochina [9], M. V. Slonimskaja, E.M. Sergeev [8], Berna [4; 10].

III-1.2. Eau liée
Au voisinage de la particule solide, se trouvent des couches d'eau qui ont un comportement visqueux différent de celui de l'eau libre. En effet la particule d'argile porte à sa surface des charges électriques négatives (ions OH⁻) et le champ électrique qui en résulte oriente les molécules dipolaires d'eau (l'ion H^+ de la molécule dipolaire est attirée vers la surface de la particule d'argile). Ces couches de molécules dipolaires constituent l'eau liée (figure 3). L'eau liée est à l'origine des propriétés de plasticité et de thixotropie de la pâte d'argile.

L'interaction entre les molécules d'eau et la particule argileuse est due aux forces de Van der Waals, les liaisons hydrogène et les forces électriques résultant de l'attraction des charges décrites. Mais les forces électrostatiques restent prédominantes dans les minéraux argileux.

L'interaction entre les couches de molécules d'eau et la particule argileuse décroît très vite lorsqu'on s'éloigne de celle-ci. On distingue :
▪ **l'eau fortement liée** (figure 3) : Ces couches d'eau sont liées à la particule d'argile de manière rigide et ne se déplacent presque pas. L'épaisseur de la couche d'eau fortement liée varie avec la nature du minéral argileux. Elle est de l'ordre de 50 Å selon les travaux de Polubarinova-Kochina [9]. L'eau liée se subdivise en trois fractions suivant l'énergie de liaison avec la particule d'argile : l'eau de constitution ou d'hydratation, l'eau de cristallisation et l'eau absorbée qui forme un film continu autour de la particule. L'eau absorbée représente plus de 90% de la fraction d'eau fortement liée et peut être évaporée pour des températures

inférieures à 90°C. En revanche, l'évaporation complète de l'eau de constitution et de cristallisation nécessite une température voisine de 150°C.

- **l'eau faiblement liée :** C'est la couche d'eau constituée de molécules dipolaires orientées par rapport aux molécules fortement liées (figure 3). Les propriétés mécaniques et physiques de cette couche d'eau sont également influencées par le champ électrique de la particule. L'épaisseur de la couche d'eau faiblement liée peut atteindre 0,4 à 0,5 µm selon Polubarinova-Kochina [9].

En réalité, il n'existe pas de distinction nette entre ces différentes couches d'eau et leur séparation n'est que schématique. L'épaisseur des différentes couches est également fonction de la nature des ions provenant des anomalies de structure : substitution des ions Fe^{2+} et Mg^{2+} par des ions Al^{3+} par exemple.

La plasticité de l'argile qui se caractérise par la cohésion de la pâte et son aptitude à la déformation n'est pas liée à l'action des forces électrostatiques. Elle est due à la présence, à l'épaisseur et à la rigidité du film d'eau absorbée. Ces facteurs diffèrent suivant la nature et la taille des particules argileuses [7].

La figure 3 illustre les liaisons entre les phases solides et liquides et la disposition des différentes formes d'eau par rapport aux particules solides.

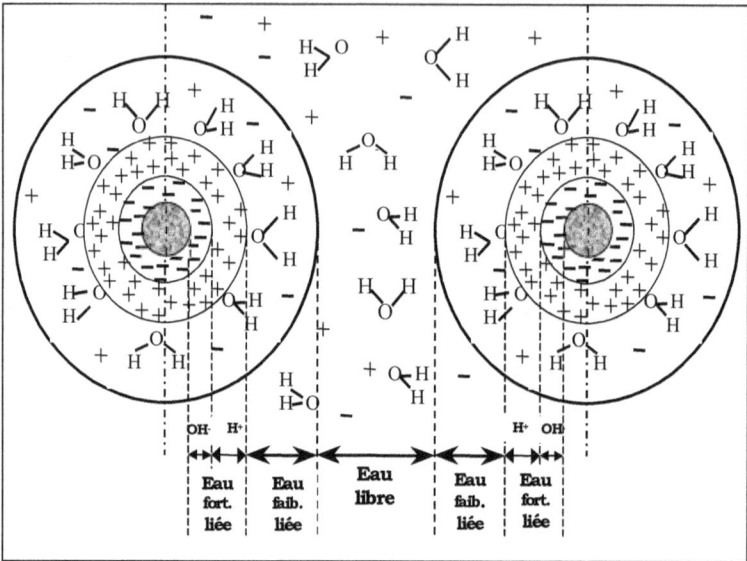

Figure 3: Schéma montrant les liaisons des phases solides et liquides : eau libre et eau liée [7]

III-2. Différentes phases en présence dans une pâte d'argile

L'interaction des différentes phases constituant la pâte d'argile permet de comprendre et d'agir sur la plasticité de l'argile, son aptitude au retrait et même d'anticiper sur la susceptibilité de la matrice à la fissuration et de prévoir des traitements appropriés.

Les différentes phases en présence dans une pâte d'argile sont constituées essentiellement (figure 4) :

• **de grains solides :** Cette phase constitue le squelette de la matrice. Elle est formée d'une importante portion argileuse très fine et d'une portion sableuse. La portion sableuse peut être ajoutée volontairement en faible quantité (inférieure à 10% en masse d'argile sèche) à la pâte pour en limiter le retrait [3]. Elle est constituée dans ce cas du sable fin ou du sable provenant des fragments de terre cuite et broyée appelés chamottes.

- **de gaz :** emprisonné dans les interstices, le gaz se présente sous forme de vapeur d'eau au cours du séchage. Il provoque la fissuration des matrices au cours du séchage et leur éclatement pendant la cuisson. Les pâtes subissent ainsi un désaérage préalable ou une mise en forme sous vide.

- **de l'eau :** Son interaction et son affinité avec la portion argileuse fine confèrent à la pâte son côté modelable et déterminent la rétractibilité de l'argile. L'importance de la plasticité de l'argile et des problèmes techniques que pose la déshydratation de la structure argileuse nous amènent à étudier de manière détaillée l'affinité de la particule argileuse avec l'humidité.

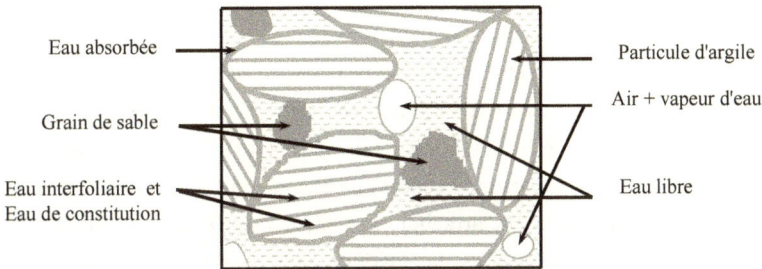

Figure 4 : Différentes phases en présence dans une pâte d'argile [3]

III-3. Notion de plasticité des argiles

III-3.1. Définition de la plasticité des pâtes d'argile

La plasticité du mélange eau-argile est une propriété rhéologique importante dans la mise en forme des pâtes. Elle détermine l'aptitude de la pâte à se déformer de manière plus ou moins importante par une force mécanique sans perdre sa cohésion et la forme acquise quand l'effort a cessé [11]. Elle dépend de plusieurs facteurs, en l'occurrence de la teneur en eau, de la proportion de particules fines, de la structure et de l'état électrostatique des particules argileuses. Cette propriété reste encore difficile à définir et à modéliser. Elle est mesurée à l'aide d'appareils appelés plastomètres. L'appareil de Pfefferkorn [11] est par exemple utilisé dans l'industrie des tuiles et briques.

III-3.2. Mécanisme de plasticité des argiles

Certains auteurs, en particulier Miehr, Immke et Kratzert [7] expliquent la plasticité d'une pâte d'argile par le phénomène de capillarité. Les argiles sont constituées de très minces et fines particules plates. Lorsque l'argile est humidifiée, l'eau s'introduit entre les lamelles d'argile en exerçant sur elles une attraction tendant à les rapprocher (figure 5).

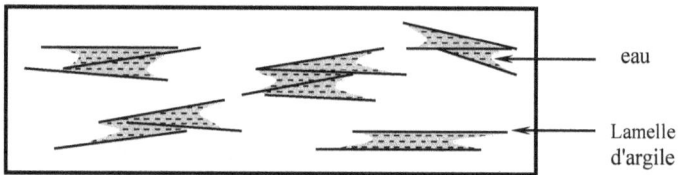

Figure 5 : Ménisques formés par l'eau entre les lamelles d'argiles [7]

Lorsqu'il y a suffisamment d'eau pour occuper tout l'espace entre les lamelles, celles-ci forment des empilements semblables à ceux formés par des lames de verre collées les unes aux autres par l'eau : les lamelles glissent facilement les unes par rapport aux autres mais lorsqu'on exerce un effort normal tendant à les arracher, des ménisques d'eau se forment et s'opposent à l'arrachement. C'est la plasticité de la pâte d'argile.

Lorsqu'il y a trop d'eau, les particules ne sont plus en contact et nagent dans le liquide inter lamellaire. L'action capillaire perd sa puissance et la pâte coule : c'est la barbotine. Le manque d'eau provoque de nombreuses bulles d'air et la pâte perd sa cohésion et se craquelle.

En effet, la plasticité de la pâte est déterminée, entre autres causes, par le contact entre l'eau et l'argile, leur force de cohésion mutuelle et la tension du liquide qui permet le glissement tout en s'opposant à l'arrachement.

L'introduction de grains de sable entre les lamelles nuit au contact de celles-ci et abaisse leur cohésion capillaire. En tuilerie - briqueterie, on ajoute aux pâtes trop plastiques du sable fin provenant des tessons broyés (chamottes). Ces additifs sont appelés dégraissants du fait qu'ils abaissent la plasticité d'une pâte.

III-3.3. Acidité des argiles

C'est principalement l'eau du milieu de formation et l'eau de transport ou de lessivage qui confèrent aux argiles naturelles leur pH. Celui-ci permet de distinguer [7] :

- des argiles neutres ou faiblement acides pour des valeurs de pH comprises entre 6 et 7,5. Ces argiles doivent leur acidité à de faibles quantités d'acide humique (acide provenant de la décomposition de l'humus) et de sels solubles. Elles sont généralement défloculées et coulent facilement par ajout de silicate, de l'humate ou de carbonate.

- des argiles franchement acides pour des valeurs de pH comprises entre 3 et 5,5. Ces argiles proviennent de la destruction de roches éruptives par des eaux acides des marécages. Elles doivent leur acidité à des quantités plus ou moins importantes de sels solubles (sulfates de Fe, Al, Ca, Mg) ou d'acide sulfurique [7]. Elles sont généralement floculées, donc impropres à l'élaboration des matériaux. Lorsqu'elles sont floculées, un prétraitement est nécessaire avant leur emploi. Pour ce faire, il y a lieu de tenir compte de la nature de l'ion ayant provoqué la floculation : les ions alcalino-terreux sont traités par l'oxalate d'ammonium et sulfates par du chlorure de baryum. La défloculation sera achevée en ajoutant à la pâte d'argile du carbonate, du silicate, de l'humate ou du phosphate alcalin. L'excès d'ions Ba^{2+} produisant une refloculation de l'argile, on veillera à ne pas excéder la quantité de chlorure de baryum nécessaire à la défloculation de la pâte.

IV- CONCLUSION

Ce volet introductif permet de dire que la notion de variété d'argile réside non seulement dans la diversité du minéral argileux, mais aussi dans l'aspect macroscopique de cette matière, en l'occurrence dans la variation de la proportion et de la taille des inclusions solides constituées essentiellement de sable. Cette variation dépend largement du mode de formation de l'argile, donc du gisement. Ce qui justifie la tendance à confondre les termes gisement et variété d'argile.

Ce chapitre permet également d'introduire la notion de plasticité qui est une propriété importante dans la mise en œuvre des pâtes comme nous le verrons dans le chapitre suivant.

CHAPITRE II

TECHNIQUES DE FABRICATION DE MATERIAUX DE CONSTRUCTION EN ARGILE

I- INTRODUCTION

La fabrication de matériaux de construction en argile exige un savoir-faire en raison de la complexité des transformations que subit la matière première depuis son extraction jusqu'au produit fini.

Ce chapitre fait l'état de l'art de la technique de fabrication de produits de construction en argile cuite (tuiles, briques, etc.) actuellement utilisée dans la tuilerie et la briqueterie modernes.

Pour une vulgarisation et une dissémination intensive de ce savoir-faire dans les pays en voie de développement, ce volet présente dans une première rubrique, une technique de production artisanale de tuiles facilement applicable dans les milieux ruraux puis dans une deuxième rubrique, une synoptique d'élaboration destinée aux petites et moyennes entreprises. Elle présente les nouvelles techniques de production de matériaux en argile cuite.

Conscient en outre de l'importance des problèmes écologiques que peut engendrer l'exploitation anarchique des sites en milieu rural, il importe de donner dans le premier volet quelques conseils et méthodes d'exploitation rationnelles et écologiques des gisements. Parallèlement au savoir-faire, la vulgarisation de ces méthodes simples et pratiques, déjà en expérimentation dans certains centres d'étude de l'Afrique Australe [12], devient importante tant l'écologie reste un problème d'actualité.

II- SYNOPTIQUE D'ELABORATION APPLICABLE EN MILIEU RURAL : PRODUCTION ARTISANALE DE TUILES ET BRIQUES

Pour une production artisanale, l'élaboration des tuiles et briques consiste en [12; 13]:

- une extraction écologique et rationnelle de l'argile;
- une préparation de la pâte;
- un façonnage des pièces par des techniques et procédés simples et des moyens peu coûteux, facilement accessibles à la majorité des artisans ;
- un séchage et une cuisson des pièces dans des fours artisanaux ;
- un contrôle des produits, en l'occurrence l'étanchéité dans le cas des tuiles.

II-1. Préparation et extraction écologique de la matière première par la méthode Gabus

L'exploitation exige au préalable la recherche d'une carrière exploitable, le contrôle de la qualité de l'argile, de l'uniformité et de l'importance du gisement. L'exploitation en milieu rural nécessite une préparation préalable du gisement et une extraction économique avec des méthodes écologiques. La méthode GABUS est un exemple de méthode appropriée et se présente comme suit [12] :

II-1.1. Préparation du gisement

Cette méthode évite l'extraction des argiles trop molles aux teneurs en eau impropres à l'élaboration et favorise l'exploitation du site en toute saison. Ces opérations consistent à :

- creuser un canal de drainage dont les dimensions sont proposées par CRATerre[*] : 2,5 m de profondeur, 1m de largeur au pied, 5 à 7m d'ouverture au sommet (figure 6) ;
- délimiter un carré de 35m de côté par les canaux reliés au canal d'évacuation d'eau (figure7). L'îlot ainsi constitué est drainé et isolé de la nappe;
- décaper le terre arable et la stocker en aval du chantier;

- décaper la partie stérile reposant sur l'argile et la stocker du côté versant de la colline;

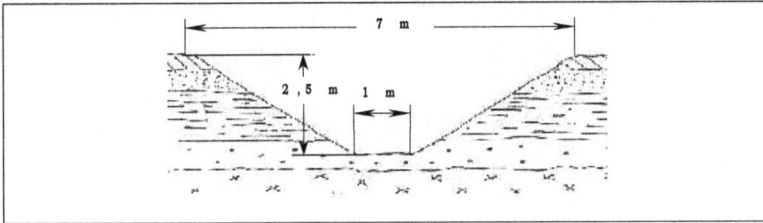

Figure 6: Forme et dimensions des canaux d'évacuation d'eau (Coupe transversale)

* Centre International de la construction en terre de l'Ecole d'Architecture de Grenoble [12]

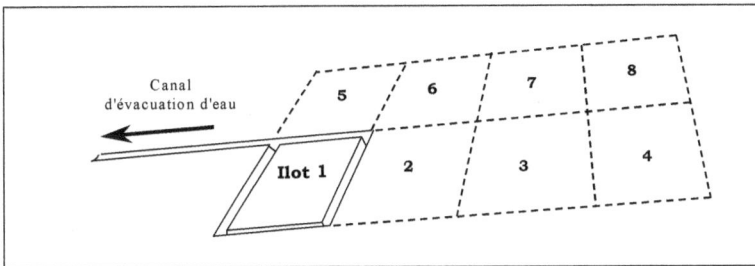

Figure 7 : Découpage du site en îlots carrés

II-1. 2. Extraction de l'argile

L'extraction du minerai se fait comme suit :

- procéder à une extraction rationnelle comme le montre la figure 8. Extraire l'argile en constituant des stocks séparés suivant l'argile grasse et l'argile maigre. L'argile récupérée des canaux devra être conservée. L'îlot de 900 m^2 ainsi isolé représente en moyenne 900 tonnes d'argile.

- l'exploitation se poursuit en créant les îlots suivants (îlots 2, 3, 4...: figure 7). La terre stérile de l'îlot1 sera remise sur 1, la terre arable de l'îlot 2 sera remise sur 1 : le terrain sera ainsi de nouveau cultivable. La terre stérile de 2 sera déposée comme celle de l'îlot1 du côté versant de la colline. Après l'exploitation de l'îlot 2, on précédera de la même manière pour 2 et 3 comme pour 1 et 2, etc.

▪ Cette méthode assure ainsi une exploitation rationnelle et économique du gisement et respecte l'écologie en rendant la terre de nouveau cultivable.

▪ une extraction économique des îlots : l'argile se trouve isolée de la nappe d'eau par les canaux d'évacuation et de la couche de terre et peut être exploitée de manière économique comme le montre le schéma de la figure 8.

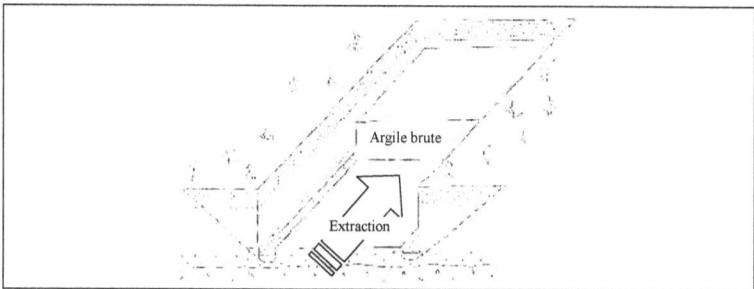

Figure 8 : Mode d'exploitation des îlots [12]

II-2. Préparation de pâtes

La transformation de la matière argileuse, depuis la matière première jusqu'au produit fini suit les différentes étapes du schéma synoptique de la figure 9.

L'argile est malaxée à une teneur en eau adéquate (teneurs comprises entre les limites de plasticité de l'argile considérée) de manière prolongée pour une homogénéisation complète, ce qui permet un retrait au séchage de la matrice sans tension interne, cause principale de fissurations. Les pâtes sont conservées à l'humidité pendant une à huit semaines pour une homogénéisation complète de l'humidité.

La pâte acquiert sa propriété de plasticité par pourrissage sous l'action des micro-organismes (action bactérienne).

Si, en dépit des précautions de drainage, l'argile se présente sous forme de barbotine, celle-ci est stockée au soleil dans des bassins de décantation.

1- PREPARATION DE L'ARGILE

Concassage
Démagnétisation
Délayage à l'eau
Tamisage

Conservation en milieu humide (2 à 3 semaines)

2- POURRISSAGE DES PÂTES

■ Augmentation de la plasticité (action des bactéries et des micro-organismes)
■ Homogénéisation de l'humidité

Malaxage désaérage

PRODUIT FINI

6- CUISSON

■ **Coloration**
■ **Vitrification**
■ **Etanchéité**
■ **Durcissement**

Four (Température, atmosphère)

3- MISE EN FORME

Compactage
Tournage
Moulage
Modelage
Pressage
Coulage

BRIQUES VERTES

BRIQUES CUITES

5-ENGOBAGE

**Trempage
Vaporisation
Au pinceau
A la poire**

TUILES

4- SECHAGE

**Evaporation
Consistance
Retrait**

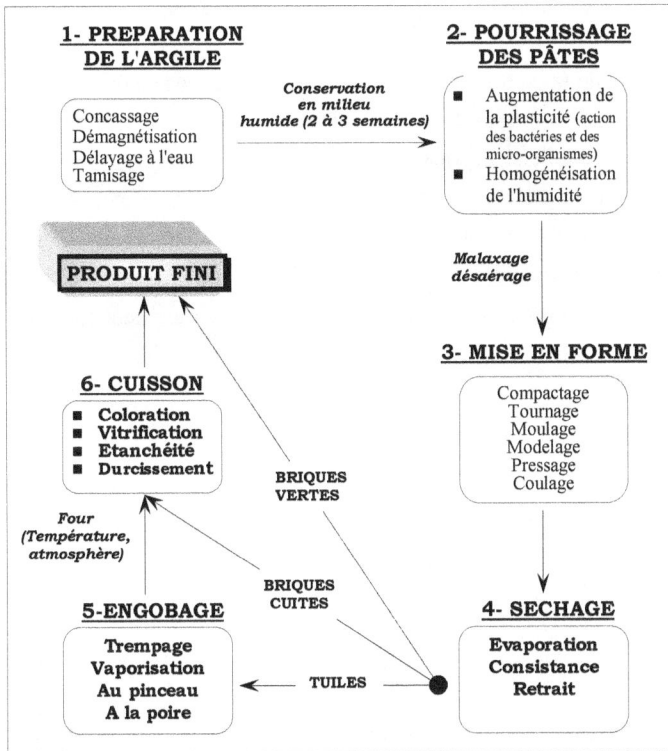

Figure 9 : Schéma synoptique d'élaboration des produits en terre cuite

Sous l'action du soleil, l'eau s'évapore et l'argile prend alors la consistance d'une pâte qui sera découpée en pains. Ce procédé de raffermissement des pâtes est adapté à la production artisanale dans les pays chauds.

L'artisan essayera d'utiliser une argile qui, sans addition de fondants ou de dégraissants, acquiert sa compacité et son étanchéité à une température de cuisson aussi basse que possible. Lorsque ce sera nécessaire pour résoudre des problèmes de fissuration, de déformation ou de retrait important au séchage, on ajoutera du sable tamisé pour dégraisser l'argile considérée. Il sera préférable d'utiliser de la chamotte tamisée lorsque la proportion de dégraissant devra dépasser 10%.

II-3. Façonnage des produits : technique de mise en œuvre des tuiles en milieu rural

II-3.1. Technique de mise en œuvre des tuiles romanes en milieu rural
Une technique simple de fabrication artisanale de tuiles romanes en milieu rural permet d'utiliser un outillage peu onéreux et souple d'emploi (figure 10). Cette technique consiste en plusieurs opérations :

▪ la pâte à modeler est tassée dans un cadre métallique (figure 10-a) préalablement saupoudré de poussière sèche afin de faciliter le démoulage;

▪ le surplus de pâte dépassant les bords du cadre est découpé au moyen d'un fil métallique;

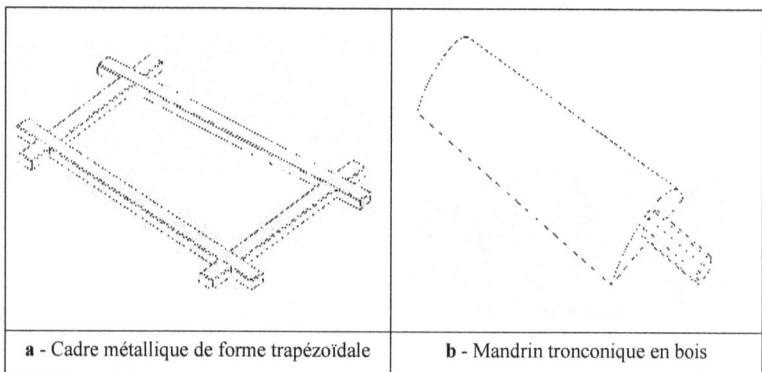

| a - Cadre métallique de forme trapézoïdale | b - Mandrin tronconique en bois |

Figure 10 : Outillage adéquat pour une production artisanale de tuiles romanes

Les dimensions standards de cet outillage sont données par les schémas de l'annexe II-1 et de l'annexe II-2.

II-3.2. Contrôle de l'étanchéité des tuiles : Norme européenne DIN456
La technique de contrôle de l'étanchéité dans le cas des tuiles romanes est définie par la norme européenne DIN 456 [12] et peut être facilement pratiquée en milieu rural pour une production artisanale.
La tuile romane obtenue après l'élaboration présente une forme tronconique comme le montre la figure 11-a.

Les deux extrémités de la tuile étant fermées à l'aide de deux barrières, on crée une cavité dans laquelle l'eau est versée (figure 11-b). L'étanchéité du produit est acceptable s'il n'y a pas formation de gouttes d'eau au-dessous de la tuile au bout de 3 heures.

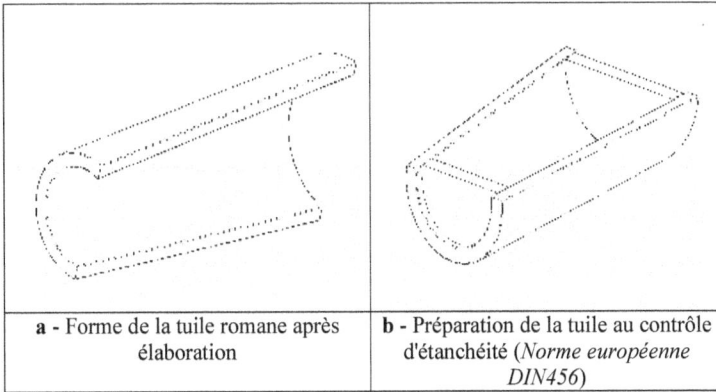

a - Forme de la tuile romane après élaboration	**b** - Préparation de la tuile au contrôle d'étanchéité (*Norme européenne DIN456*)

Figure 11 : Tuile romane (a) et schéma de l'essai de contrôle d'étanchéité de la tuile (b)

Les dimensions standard de la tuile sont données par le schéma de l'annexe II-3. Pour obtenir une tuile standard, il est indispensable de définir les dimensions du moule en tenant compte du retrait de l'argile travaillée.

A cet effet, les taux de retrait des différentes matières premières étudiées seront déterminés ultérieurement (tableau 15).

Le Centre de Développement Industriel (C.D.I) dans "bloc de terre comprimée - choix du matériel de production" [14], impose une tolérance de +1 à -2mm sur les dimensions des produits.

II-4. Séchage et cuisson

II-4.1. Séchage des produits en argile

Le séchage nécessite des précautions afin d'éviter l'apparition des fissures et la déformation des produits, mais le contrôle du séchage en milieu rural reste moins évident que le séchage dans une chambre ou un tunnel, communément employés dans les tuileries et briqueteries modernes. On évitera pour l'essentiel, une trop rapide évaporation qui engendre une rétraction hétérogène dans la masse du produit et provoque la fissuration de la matrice. Les faces des produits seront exposées à l'air séchant afin d'éviter ou de limiter leur déformation.

II-4.2. Cuisson des produits en argile

La cuisson doit s'opérer sur des produits suffisamment séchés. En effet lorsque les produits ne sont pas complètement séchés, l'eau résiduelle s'échauffe en créant une pression interne pendant la cuisson. La pression ainsi créée provoque la fissuration et l'éclatement des matrices.

Economique à la construction et à l'usage, souple d'emploi, le four à chambre en escalier est un modèle très répandu et bien adapté aux pays en voie de développement. Les principaux combustibles sont le bois, le charbon de bois et les tourbes. Ils fournissent des températures pouvant dépasser 1400°C. La cuisson sera poussée à la température exacte de maturation afin de donner aux produits toutes les qualités requises : compacité, dureté, étanchéité et coloration, etc. La température et la durée de cuisson sont à définir expérimentalement suivant l'argile et les conditions de cuisson. En général, la température de cuisson des tuiles artisanales varie de 950 à 1100°C suivant les argiles.

II-4.3. Optimisation de la cuisson des briques

Des études analogues [15] réalisées à la Faculté des Sciences Appliquées de l'Université Nationale du Rwanda ont montré que l'introduction des balles de riz dans les pâtes d'argile permettait d'optimiser la cuisson en augmentant son palier. En effet, les balles de riz en se consumant pendant la cuisson, dégagent une certaine quantité de chaleur qui rallonge le palier et favorise une meilleure cuisson au cœur de la brique. En outre, le squelette de silice qui subsiste après combustion des balles de riz se combine chimiquement à faible température avec l'argile. Celle-ci acquiert un son cristallin malgré la porosité de la brique et la faible température de cuisson. La sciure de bois peut également jouer le même rôle que les balles de riz.

L'introduction de balles de riz ou de sciures de bois dans les pâtes d'argile présente aussi l'avantage de renforcer la brique verte en empêchant le développement d'importantes fissures et en limitant le retrait par dégraissage.

III- ELABORATION DES TUILES ET BRIQUES DANS L'INDUSTRIE

Si le principe de production est resté presque le même depuis toujours, les moyens de production sont passés de l'outillage artisanal aux moyens modernes automatisés pour une production industrielle.

III-1. Préparation de la terre

L'élaboration des produits en terre cuite dans la tuilerie-briqueterie moderne suit également les mêmes transformations que dans l'artisanat traditionnel. Mais hormis son aspect technologique, l'industrie moderne bénéficie d'un savoir-faire de plusieurs années d'expériences et d'une recherche visant à une meilleure connaissance des matières premières et à une transformation plus qualitative [7; 13; 16]. La matière première subit les différentes transformations décrites par la figure 12 [11; 17].

III-1.1. Extraction et broyage de l'argile

L'argile est extraite sur une couche plus ou moins profonde par des engins excavateurs. Suivant la nature de la terre, celle-ci peut subir des traitements de pré-concassage des blocs, d'épierrage et de broyage avant son concassage en poudre. La finesse des terres étant de plus en plus exigée pour une meilleure qualité des produits, on se sert de broyeurs à meule, de tamis à secousses ou de laminoirs pour le broyage de l'argile. L'écartement des cylindres dans le cas des laminoirs peut descendre à 0,5 mm. C'est au cours de cette opération de broyage -laminage que les différentes variétés d'argile, aux propriétés complémentaires, peuvent être associées pour une meilleure homogénéisation de la pâte.

III-1.2. Malaxage des pâtes

Des délayeurs-agitateurs, des mouilleurs mélangeurs ou malaxeurs filtres permettent l'humidification de l'argile tout en procédant à son malaxage interne. Les mouilleurs mélangeurs sont des cuves horizontales équipées de deux arbres à pales. La rotation des ces arbres en sens inverse permet un malaxage et une humification assez homogène de la pâte qui est produite de manière continue. Le malaxage et le désaérage de la pâte sous vide dans des boudineuses - filtreuses permet de chasser l'air emprisonné. Le raffermissement des barbotines s'obtient par filtration à travers les filtres-presses ou des tambours filtrants, par vaporisation dans un courant d'air chaud ou par séparation dans un cyclone.

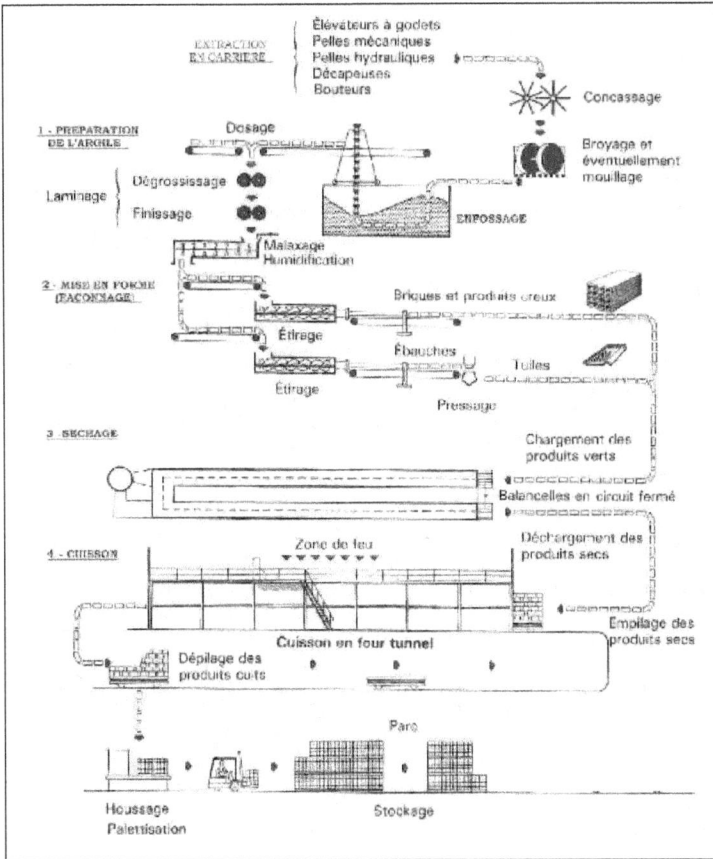

Figure 12 : Différentes étapes de la transformation de la matière première d'argile et élaboration de tuiles et briques en terre cuite dans l'industrie [17]

III-1.3. Conservation des pâtes en milieu humide

La conservation des pâtes en milieu humide (dans une fosse en général) pendant deux à huit semaines complète l'homogénéisation de l'humidité de la pâte et augmente sa plasticité par pourrissage sous l'action de micro-organismes. Après son extraction de la fosse, la pâte est convoyée vers la fabrication.

III-2. Façonnage des tuiles et briques

Le mode de façonnage est choisi de manière à augmenter la cohésion interne de la matrice d'argile. Cette cohésion est améliorée par l'application d'une pression de mise en forme ou l'emploi de mouleuses sous vide ou par ajout d'eau ou de vapeur. Le mode d'élaboration des pâtes par extrusion est la plus répandue et permet d'obtenir des bandes de pâte compacte qui seront découpées en galettes à la taille d'une tuile. Les galettes sont convoyées vers la mise en forme des produits. En tuilerie, on se sert généralement d'un moulage par pressage. Le moule en deux éléments, imprime son empreinte dans la galette par pressage.

Le façonnage peut être réalisé par électrophorèse mais cette technique est très peu répandue.

Le moule est fabriqué soit en métal, en plastique ou en plâtre. En dehors du pressage, le coulage est aussi un mode de façonnage adapté pour la production en série. La barbotine est versée dans l'empreinte du moule en plâtre. Le plâtre absorbe l'eau de la barbotine et par filtration une couche de pâte molle se dépose dans l'empreinte du moule. Cette couche constitue une sorte de revêtement du produit. Les tuiles ou briques humides sont convoyées vers le séchage après leur façonnage.

III-3. Séchage et engobage des tuiles

Les produits façonnés présentent une teneur en eau très élevée (20 à 30%) et l'opération de séchage consiste à réduire cette teneur à une valeur inférieure à 3%. Les produits subissent la quasi-totalité de leur retrait, en général supérieur à 10%, au cours du séchage.

Les produits humides sont disposés sur des planchettes métalliques ou en bois. Les planchettes sont empilées sur des wagons qui sont à leur tour convoyés dans des séchoirs. Industriellement, on emploie des séchoirs tunnels (très répandus) et de chambres de séchage (peu répandues). Les produits y subissent une forte ventilation et une montée en température jusqu'à 100°C.

Au cours de cette opération interviennent simultanément les phénomènes d'évaporation et de retrait que nous étudierons plus en détail ultérieurement (Partie 2- Chapitre II-§ II) et qui ont des effets néfastes sur l'intégrité de la matrice. Cette opération sera par conséquent conduite avec précaution. On évitera une évaporation hétérogène et trop rapide qui engendre des fissurations irrémédiables de la pièce; les faces des produits empilés sont aérées de manière à avoir un retrait uniforme qui évite la déformation des pièces. En général le réglage des paramètres de l'air séchant (débit d'air, température, humidité de l'air séchant) dépendent du type d'argile et de son aptitude au retrait ou à la fissuration. Une bonne opération de séchage peut être menée de la manière suivante :

- un chauffage des produits tout en évitant une évaporation sensible; l'air chaud du séchoir sera donc très humide;
- l'eau libre est évaporée en ventilant les produits avec de l'air humide pour limiter l'évaporation superficielle;
- l'eau liée est ensuite éliminée par soufflage de l'air sec et chaud.

Un engobe (barbotine d'engobage de tuiles) peut être appliqué sur les tuiles afin de leur donner la coloration voulue améliorer leur propriété d'étanchéité après cuisson.

III-4. Cuisson
III-4.1. Fours et combustibles
Dans la fabrication industrielle, la cuisson des tuiles peut durer de 15 heures à 48 heures et à des températures allant de 900°C à 1100°C. A cet effet, des fours tunnels à feu fixe pouvant atteindre 100 m de long, 3 à 7 m de large et 1,5 à 2 m de haut sont généralement utilisés [11;17]. Les fours à feu mobile ou à rouleaux sont de moins en moins employés dans l'industrie de la terre cuite. Le gaz naturel reste le combustible le plus utilisé en raison de son coût relativement peu élevé et la facilité de régulation de température qu'il offre. Les combustibles généralement utilisés sont : le fuel, la houille, le coke de pétrole, la sciure de bois, etc.

III-4.2. Importance de la cuisson des produits en argile

C'est la phase déterminante de la fabrication pendant laquelle la structure argileuse subit de profondes modifications de la masse volumique, de la porosité, de l'étanchéité, de la dureté et des dernières variations de ses dimensions. Tout comme le séchage, la cuisson est aussi une phase au cours de laquelle les produits peuvent être sujets à des fissurations et éclatements irrémédiables. Elle doit être conduite de manière :

- progressive afin de favoriser les différentes transformations physico-chimiques survenant dans le matériau, à savoir la vitrification des fondants, la combustion des matières organiques, la déshydratation des minéraux, la décomposition des carbonates. Cette précaution permet également d'éviter la formation des impuretés dans l'atmosphère du four (suies, soufre, cendres), susceptibles de provoquer des réactions chimiques néfastes au contact des produits;
- homogène afin de produire dans la masse de la structure argileuse une dilatation et un retrait identiques en tout point.

III-4.3. Cuisson dans un four tunnel

Les tuiles ou briques vertes séchées, sont empilées sur des wagons circulant le long du four tunnel. L'air de combustion et les fumées circulent à contre-courant par rapport aux produits en les réchauffant progressivement. Des systèmes de brassage d'air tels que des brûleurs de type jet permettent d'homogénéiser la température en chaque point de la section du four.

La cuisson est conduite de manière à éviter les tensions internes survenant dans la masse de la matrice par suite de transformations internes violentes, susceptibles d'occasionner l'éclatement ou la fissuration des produits. On procède alors à une régulation de la température en fonction des réactions de la matière première. La courbe de cuisson donne la régulation de la température de cuisson le long du four.

La figure 13 représente schématiquement la courbe générale de cuisson des produits en argile. Elle peut varier légèrement suivant la matière première. La régulation permet de diviser le four tunnel en plusieurs zones appelées couramment le préfour, la zone d'avant feu, la zone de cuisson et la zone de refroidissement rapide (figure 13) [11; 16].

La circulation des produits le long du tunnel permet une montée progressive de la température dans la masse de la matrice et favorise les transformations qui conféreront à la matrice ses caractéristiques mécaniques [16] :

- jusqu'à 200°C, la cuisson favorise la déshydratation progressive de l'eau résiduelle en provoquant un léger retrait avec une perte de masse de la matrice de 1 à 4%;
- de 450°C à 650°C, la cuisson provoque la perte de l'eau de constitution des minéraux argileux accompagnée d'une perte de masse de 3 à 6% de la matrice.

Au voisinage de 573°C, le quartz subit une profonde transformation avec une brutale variation des dimensions de la matrice. Il est recommandé pour des terres riches en quartz, de stabiliser la montée en température à ce niveau afin d'éviter de trop fortes contraintes dans la matrice.

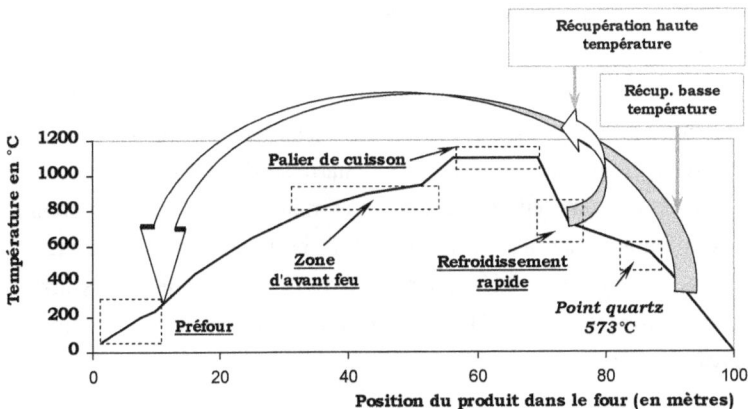

Figure 13 : Tendance de la courbe de cuisson en tuilerie - briqueterie [11]

- de 650°C à 800°C, aucune transformation particulière ne survient dans les matrices en argiles pauvres en calcaire, mais celles qui sont riches en calcaire subissent la décarbonatation. La décarbonatation correspond à une transformation du carbonate en chaux vive avec dégagement du gaz carbonique et d'oxygène.

$$CO_3Ca \longrightarrow CaO + CO_2 \quad Eq.1$$

le dégagement du CO_2 provoquant une perte de masse sensible de la matrice, puis

$$2CaO \longrightarrow 2Ca + O_2 \quad Eq.2$$

- de 800°C à 1100°C : la température des produits est montée progressivement jusqu'à la température maximale où ils subissent un palier de cuisson. Les matrices des argiles pauvres en calcaire subissent progressivement le grésage (effondrement et densification de la structure de la matrice) par suite de fusion des éléments fondants en provoquant un retrait. Dans les argiles calcaires, la chaux précédemment formée entraîne la formation des silicates de chaux et des silico-aluminates en provoquant une dilatation de la matrice.
- à 1100°C : un palier de cuisson favorise la transformation complète des matrices.
- de 1100°C à la température ambiante (refroidissement) : les produits subissent un refroidissement progressif pendant que la température du four est abaissée progressivement. Le point quartz se situe à 573°C au cours de la phase de descente en température. Les minéraux de quartz reprennent leur forme initiale en provoquant un retrait brutal à 573°C. Il convient de surveiller les produits au point quartz afin d'éviter les risques de fissuration. Le refroidissement, en dehors du point quartz, provoque une contraction progressive de la matrice sans variation de masse [16].

Des progrès récents dans la cuisson des produits en terre cuite préconisent de refroidir au maximum ceux-ci à la sortie du tunnel. Cette opération est rendue possible en récupérant les gaz chauds dans la zone de refroidissement. La récupération est effectuée soit avant le point quartz ou juste après la zone de feu (figure 13).

Lorsque la récupération est faite avant le point quartz, elle est dite "récupération basse température". Lorsqu'elle est effectuée juste après la zone de feu (entre 600°C et 800°C) elle est dite "récupération haute température (figure 13).

Les gaz chauds sont dans ce cas brassés avec les gaz moins chauds de la récupération basse température avant d'être injectés dans le pré-four. Cet artifice de récupération de gaz offre aussi l'avantage d'économie d'énergie et rend le contrôle de la température plus souple. En l'absence de cet artifice, la température du palier de la zone d'avant feu devient fortement dépendante du débit d'air circulant dans le four [11].

III-4.4. Evolution de la texture de la matrice d'argile pendant la cuisson

La texture de la matrice d'argile subit une profonde transformation au cours de la cuisson. En effet, la fusion des éléments fondants modifie fondamentalement la taille et la répartition des pores. Elle permet de comprendre le mécanisme par lequel la matrice acquiert sa rigidité et sa compacité pendant la cuisson [7] :

▪ au début de la cuisson, le diamètre des pores augmente tandis que les pores fins disparaissent progressivement. Ce phénomène peut être attribué à la concrétion (la fusion des agrégats en un corps solide) des matières argileuses fines. La structure acquiert progressivement sa rigidité et sa compacité;

▪ en approchant la température de grésage, le nombre et le diamètre des pores ouverts diminuent par rétrécissement, tandis qu'apparaissent des pores fermés;

▪ au delà de la température de grésage, la porosité ouverte est pratiquement nulle et l'alvéolage de la matrice se poursuit par augmentation du diamètre des pores fermés.

Précisons que ces transformations sont plus ou moins importantes suivant la nature de l'argile et l'évolution de la taille des pores dépend non seulement de la température de cuisson mais également de sa composition :

- **pour les kaolinites [7],**
  ✓ à 600°C, la matrice du kaolin présente 16% de pores très fins compris entre 0,01µm et 0,08µm avec une grande proportion de pores de tailles comprises entre 0,08µm et 0,2µm et moins de 3,5% de pores de tailles supérieures à 0,2µm. La matrice gardera cette répartition jusqu'à 975°C, voire 1000°C;
  ✓ de 1000°C à 1050°C, la proportion de pores de tailles supérieures à 0,2µm augmente brusquement pour atteindre 16% à 1150°C tandis que celle des pores fins compris entre 0,01µm et 0,08µm diminue jusqu'à 9% à 1150°C.

- **pour les illites [7],**
  ✓ à 700°C, les matrices des illites présentent des pores de tailles comprises entre 0,01µm et 1,65µm régulièrement réparties;
  ✓ de 900°C à 1000°C, les pores de tailles comprises entre 1,65µm et 10µm augmentent sensiblement avec une prépondérance à 1000°C, tandis que les pores de taille inférieure à 0,4µm se referment progressivement. Leur pourcentage baisse à 2,5% ;
  ✓ à 1050°C, la taille des pores de tout diamètre augmente sensiblement et provoque le gonflement de la matrice. Le pourcentage des pores de diamètre inférieur à 0,4µm remonte à 8,5%. La matrice subit un début de vitrification; à 1150°C, la structure est grésée et subit un important retrait, sa porosité devient nulle et il ne subsiste que des pores fermés grossiers.

- **pour les montmorillonites [7],**
  elles se comportent de manière analogue aux illites pendant la cuisson :
  ✓ à 800°C, la matrice présente des pores de tailles inférieures à 0,20 µm. Ces pores représentent une proportion de plus de 10% de la porosité totale

et qui diminuera jusqu'à 2% à 1000°C en raison de la diminution de la taille des pores avec la température;

✓ de 950°C à 1050°C, prédominance, tout comme les illites, des pores de 1,65 µm à 10µm (15% à 950°C et 19% à 1050°C). A 1150°C, la matrice subit une vitrification due à la fusion de la silice.

IV- CONCLUSION

Les techniques de mise en œuvre présentées résument l'expertise et le savoir-faire de plusieurs années d'investigation des tuileries et briqueteries. Ces techniques actuellement utilisées dans les industries modernes de tuiles et briques ont su intégrer au fil du temps, les connaissances scientifiques et se réadapter aux nouveaux moyens techniques et technologiques. On rencontre actuellement dans les pays développés, des unités de fabrication automatisées et informatisées.

Mais l'application de ce savoir-faire dans les fabriques des pays en voie de développement peut se faire par des moyens techniques conformes aux réalités économiques et au niveau technologique de ces pays.

CHAPITRE III

GENERALITES SUR LES FIBRES NATURELLES CELLULOSIQUES

I- INTRODUCTION

Les fibres végétales telles que le coton, le lin, le jute, la ramie, le kénaf, le sisal, etc., ont été traditionnellement utilisées dans l'artisanat pour la vannerie et dans l'industrie pour la papeterie, le textile etc. [18].

Mais le regain d'intérêt actuel se justifie par l'importance de plus en plus croissante que prend l'écologie dans le monde en l'occurrence dans le domaine des matériaux. Les fibres naturelles cellulosiques trouvent de ce fait une application dans l'élaboration des éco-matériaux.

Cet aperçu rapide permettra d'apporter des informations générales sur quelques fibres naturelles d'origine tropicale.

Nous présenterons en particulier les propriétés technologiques et les caractéristiques mécaniques de quelques fibres et les propriétés physico-chimiques de la cellulose, leur principal constituant.

II- GENERALITES

II-1. Les fibres naturelles cellulosiques
On distingue conventionnellement quatre grandes catégories de fibres végétales [19] :
- les fibres extraites des feuilles d'une plante monocotylédone : sisal, fibres d'ananas, raphia, abaca, hénéquene, etc.
- les fibres extraites de la partie externe de la tige, au-dessous de la cuticule et de l'épiderme de la plante : kénaf, roselle, fibres de papayer, chanvre, jute, ramie, lin...

- les fibres extraites des gousses, capsules et fruits : coton, kapok, fibres du fruit de baobab, éponge de courgette, soie, coise, piassava, etc.
- les fibres extraites du bois de la plante.

II-2. Avantages et inconvénients des fibres naturelles cellulosiques

Les fibres naturelles d'origine végétale présentent plusieurs avantages [20]:
- une faible densité allant de 0,6 à 1,5 selon les espèces,
- biodégradables et facilement renouvelables par culture,
- un coût modéré et une faible consommation d'énergie de production,
- une découpe et un usinage facile

En revanche, à ces avantages sont associés certains inconvénients [20] :
- les propriétés des fibres végétales dépendent largement des conditions climatiques et ne sont donc pas constantes;
- leur comportement mécanique n'est pas en général linéaire;
- la présence des groupements hydroxyles (groupements OH⁻) à la surface des fibres végétales leur confère un caractère hydrophile;
- une faible résistance à l'abrasion.

II-3. Définition de quelques caractéristiques technologiques d'une fibre végétale

II-3.1. Indice de rigidité d'une fibre

Cette caractéristique donne la rigidité d'une fibre par rapport à celle de la viscose. L'indice de rigidité de la fibre est donné par l'expression [21; 22] :

$$I_r = \frac{15}{t} \qquad \text{Eq.3}$$

où 15 et t désignent respectivement le temps en secondes mis par des mèches équivalentes en poids et en longueur de viscose souple et de fibres à étudier, pour se détordre après avoir été tordues sur 15 tours dans un pendule de torsion appelé appareil de Tchoubar [21]. I_r varie de 1,2 à 2,5 pour les fibres cellulosiques végétales [21].

II-3.2. Taux de reprise d'humidité des fibres cellulosiques

Le taux de reprise d'humidité exprime l'aptitude de la fibre à absorber l'humidité de l'air. Cette mesure désigne la masse d'humidité que peuvent absorber 100 grammes de fibres sèches à 20°C et à 60% d'humidité relative [22].

II-3.3. Numéro métrique

La finesse de la fibre végétale dépend fortement des conditions de culture et son expression est donnée par [21; 22] :

$$N_m = 1000.\frac{L}{m} \qquad \text{Eq.4}$$

L est la longueur de la fibre en mètre et m son poids au mètre.

II-3.4. Ténacité d'une fibre

Cette donnée importante dépend de la résistance de la fibre et de ses tissus. Elle est exprimée par l'expression [21; 22] :

$$T = \frac{m_r}{\lambda} \qquad \text{(en g/tex)} \qquad \text{Eq.5}$$

m_r représente la charge de rupture en grammes et λ la masse linéique en tex. Le tex correspond à la masse en grammes de 1000 mètres de fibres.

La ténacité d'une fibre est mesurée soit par :

▪ le **sélomètre** qui permet de mesurer, en plus de la ténacité, l'élasticité maximale avant rupture. Celle-ci peut varier de 4 à 12% [21]. Le sélomètre est très souvent employé dans les laboratoires scientifiques.

▪ le **pressley strength tester**, très utilisé dans l'industrie textile [21]. Il permet de mesurer la rupture d'un faisceau de fibres.

II-3.5. Finesse d'une fibre

Cette donnée est une caractéristique spécifique dépendant de chaque variété de fibres et des conditions de culture. Elle est déterminée par un micronaire et fibronaire et sa mesure est basée sur la rapidité d'écoulement de l'air à pression constante à travers une paroi de fibres comprimées dans une chambre de volume connu. L'indice de finesse est d'autant plus élevé que la fibre est grosse. Il varie entre 3,5 et 5 pour les fibres de coton [21; 22].

II-3.6. Longueur de rupture de la fibre
Elle correspond à la longueur (en km) pour laquelle, la fibre supposée indéfinie, se romprait sous son propre poids. Plus la longueur de rupture d'une fibre est élevée, plus celle-ci est résistante.

II-4. Quelques fibres naturelles cellulosiques
II-4.1. Le sisal (Agave) [21]
II-4.1.1 Botanique
C'est une agavacée présentant les espèces suivantes : *sisalana* aux feuilles vert-foncé de 1,25 à 1,75 m de long sur 10 à 15 cm de large; *fourcroydes* aux feuilles vert-gris de 1,5 à 2,25 m de long sur 10 à 15 cm de large; *cantala* aux feuilles vert-bleu de 1 à 2 m de long sur 6 à 10 cm de large; *letonae* et *heteracantha*. Les fibres botaniques, de 1 mètre de long en moyenne, sont extraites des feuilles de la plante par des défibreuses.

II-4.1.2 Caractéristiques technologiques de la fibre de sisal
Une fibre technique de sisal présente les caractéristiques technologiques moyennes suivantes [21] :
- Longueur de la fibre technique : 800 à 1000 mm
- Densité apparente : 0,70
- Finesse : 30 à 35 Nm
- Ténacité : 40 à 60 Km
- Indice de rigidité : 2,20 à 2,50
- Taux de reprise d'humidité : 14,0 %
- Allongement avant rupture : 2,0 %

II-4.2. Le kénaf (*Hibiscus cannabinus*) [21; 22]
II-4.2.1 Botanique
On distingue 5 variétés suivant la forme et la couleur : *purpureux, simplex, viridis, vulgaris, ruber*. Les plants non ramifiés ayant une hauteur

suffisante de 3 à 4 mètres et un diamètre convenable de 2 à 4 cm à la base de la tige fournissent des fibres de bonne qualité.

II-4.2.2 Extraction des fibres

Les fibres sont extraites de l'écorce de la tige suivant :

- un procédé mécanique qui consiste à broyer la tige de la plante de manière à éliminer la plus grande partie du tissu non fibreux. Par décorticage ou délaniérage, l'enveloppe renfermant les fibres est séparée des lanières dures en bois.

- un procédé chimique appliqué à la suite d'un traitement mécanique sur les enveloppes fibreuses de la plante. On applique les agents chimiques (les solutions neutres, alcalines ou acides diluées) employés le plus souvent à chaud pour désagréger les parois des cellules non fibreuses et seules les fibres sont conservées. Les fibres de kénaf extraites par cette méthode ont une très bonne qualité mais le procédé reste coûteux [21].

- un procédé biologique qui permet d'extraire les fibres botaniques par rouissage bactériologique. Ce procédé s'applique aussi bien à l'extraction du kénaf que du jute. En production industrielle, les lanières déboisées sont traitées dans des bacs à eau dans des conditions optimales de température. Sous l'action des bactéries et des champignons, les cellules non fibreuses sont détruites. La cohésion entre les faisceaux de fibres est rompue, après 8 à 12 jours de trempage et la lanière se détache par rouissage. Les fibres sont extraites par lavages successifs, puis essorées, séchées et traitées industriellement.

II-4.2.3 Caractéristiques technologiques principales du kénaf

Une fibre technique de kénaf présente les caractéristiques technologiques moyennes suivantes:

- Longueur moyenne   : 1500 à 2500 mm;
- Densité apparente   : 0,85;
- Finesse   : 200 à 250 Nm;
- Ténacité   : 28 à 35 km;
- Indice de rigidité   : 1,75 à 1,8;

- Taux de reprise d'humidité   : 10 à 12 %;
- Allongement avant rupture   : 1,5 %;

II-4.3. Le jute (Corchorus) [21; 22]

II-4.3.1 Botanique

C'est une tiliacée présentant deux variétés: *Corchorus capsularis* et *Corchorus olitorius*. A la récolte, la tige de jute présente 4,5 m de hauteur et 1 à 2 cm de diamètre.

II-4.3.2 Composition Chimique

Les fibres végétales diffèrent morphologiquement et chimiquement, car les matières qui accompagnent la cellulose varient d'une espèce à l'autre.

Le tissu de la fibre de jute est constitué des substances chimiques suivantes:

- Cellulose totale   : 64 à 78%
- Lignine   : 11 à 14%
- Pentosane   : 1,5 à 1,8%
- Cire et graisse   : 0,2 à 0,4%
- Cendres   : 1%

II-4.3.3 Caractéristiques technologiques principales du jute

Une fibre botanique de jute présente les caractéristiques suivantes :

- Longueur   : 2000 mm;
- Densité   : 0,85 ;
- Finesse   : 250 à 300 Nm ;
- Ténacité   : 30 à 35 Km
- Indice de rigidité   : 1,54 à 1,60
- Taux de reprise d'humidité : 12 %
- Allongement avant rupture   : 1,5 %

II-4.4. Le coton [21]

Le cotonnier est une *malvacée* du genre *gossypium*. Le coton est une fibre unicellulaire constituée des poils que porte la graine du cotonnier. C'est la matière première textile naturelle la plus employée représentant une fraction importante de la consommation de l'ensemble des fibres naturelles, artificielles et synthétiques.

II-4.4.1 Botanique

Les différentes variétés du coton sont le *Gossypium barbadense* (30 à 45 mm de longueur de fibres), le *Gossypium hirsutum* (25 à 30 mm), le *Gossypium arbore*um et *herbaceum* aux soies courtes (18 à 25 mm).

II-4.4.2 Technologie de la fibre de coton

Le coton constitue la forme pure de la cellulose à l'état naturel. Le coton constitue la forme pure de la cellulose à l'état naturel. Il est constitué en forte proportion de cellulose à laquelle s'ajoutent en faible proportion d'autres substances :

- Cellulose : 94,0 %
- Substances pectiques: 1,2 %
- Cendres: 1,2 %
- Acides organiques et alcool : 1,6 %

- Sucres totaux : 0,3 %
- Protéine : 1,3 %
- Divers : 0,4 %

II-4.4.3 Caractéristiques technologiques

Les caractéristiques technologiques moyennes d'une fibre de coton sont les suivantes: Longueur de la fibre : 30 à 45 mm pour les espèces à longues soies, 25 à 30 mm pour les espèces à moyennes soies, 18 à 25 mm pour les espèces à courtes soies.

- Largeur   : 15 à 25 µm
- Densité apparente   : 1,10 à 1,30
- Finesse   : 3500 à 8000 Nm
- Ténacité   : 30 à 40 Km
- Indice de rigidité   > 1
- Taux de reprise d'humidité   : 8,5 %
- Allongement avant rupture   : 5 à 8 %

II-4.5. La ramie (Boehmeria) [21; 22]
II-4.5.1 Botanique

La ramie donne des fibres de très bonne qualité et d'une bonne résistance à la traction [23]. C'est un *urticacée* comprenant deux variétés : le *Boehmeria nivea* ou ramie blanche des pays sub-tropicaux et tempérés et le *Boehmeria utilis* ou ramie verte essentiellement tropicale. La ramie présente une taille de 1,5 à 2 mètres pour *nivea* et plus haute pour la variété *utilis*. L'extraction des fibres de la plante consiste en trois opérations : le décorticage (élimination du bois et conservation de la lanière); le dépelliculage (élimination de l'épiderme liégeux des lanières) et le dégommage (dissolution chimique des matières pectiques).

II-4.5.2 Technologie de la fibre de ramie

Une fibre technique de ramie présente les caractéristiques suivantes :

- Longueur moyenne: 50 à plus de 300 mm
- Finesse: 1800 à 2500Nm
- Taux de reprise d'humidité : 8,5 %
- Allongement avant rupture : 4,5 %
- Densité apparente: 1,10
- Ténacité: 50 à 60 Km
- Indice de rigidité : 1,35

II-5. Caractéristiques mécaniques moyennes des fibres végétales

II-5.1. Présentation des caractéristiques mécaniques de quelques fibres végétales.

Les caractéristiques mécaniques et techniques des fibres végétales dépendent non seulement des conditions de culture (conditions climatiques, du sol, utilisation des fertilisants, etc.) mais aussi de leur structure. En effet, les fibres présentent une structure variable d'une espèce à l'autre. Elles sont en général des composites naturels constitués de microfibrilles de cellulose soudées par la pectine et la lignine [24]. Pour certaines variétés, les microfibrilles présentent un angle par rapport à l'axe de la fibre [25]. Cet angle est appelé angle microfibrillaire.

Le tableau 2 présente les valeurs des caractéristiques mécaniques en traction de quelques fibres naturelles cellulosiques [26; 27; 28; 29; 30; 31].

Tableau 2 : Propriétés mécaniques de quelques fibres végétales

Fibres végétales	Caractéristiques mécaniques en traction			
	Angle microfi-brillaire (Degré)	Contrainte de rupture en traction (MPa)	Module de Young (MPa)	Allongement à la rupture (%)
Sisal	20	507 à 580	16700	2 à 4,3
Jute	8	550 à 900	24100	1,5
Coton	-	350	1100	6 à 7
Ramie	7,5	870	-	1,2
Banane	10 à 12	529 à 914	7700 à 32000	3 à 10
Coise	45	106 à 270	3000 à 6000	15 à 47
Lin	10	780 à 2000	8500-11000	2 à 3
Hénéquene	-	580	12800	3 à 5

Ces données montrent que les propriétés mécaniques des fibres végétales varient de manière importante d'une variété à une autre. Au sein d'une même variété, les propriétés mécaniques peuvent également varier en raison des facteurs de culture. Elles présentent dans leur majorité, des caractéristiques mécaniques pouvant varier du simple au double (coise, banane, lin, jute, etc.).

Les fibres végétales peuvent être classées en deux grandes familles en fonction de leur aptitude à l'allongement [26] :

▪ les fibres dures : ce sont les fibres dont l'allongement à la rupture est inférieur à 5% (sisal, lin, jute, ramie, etc.),

▪ les fibres molles : celles dont l'allongement à la rupture est supérieur à 5% (coise, coton, etc.).

III- LA CELLULOSE

III-1. Structure chimique de la cellulose

C'est le principal constituant des fibres végétales et du bois. Elle joue le rôle de renfort de la matrice en ciment pecto-ligneux [24]. La cellulose résulte de l'enchaînement linéaire de molécules de β-glucose [32]. C'est un polymère composé de cycles carbonés $(C_6H_{10}O_5)_n$ [18; 32; 33; 34] (figure 14).

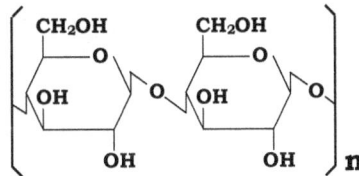

Figure 14 : Formule développée de la molécule de cellulose [32; 33]

La masse moléculaire de la cellulose de différentes sources varie en général de 50.000 à 2.500.000 selon les espèces, soit un degré de polymérisation de 300 à 15.000 [33]. Dans les fibres végétales, le degré de polymérisation rapporté au glucose dépasse 10.000, soit une masse moléculaire de l'ordre de 2.000.000. Cette constitution découle aussi bien de considérations chimiques, telles que l'hydrolyse de la cellulose, que de l'interprétation des clichés de diffraction aux rayons X et des études physiques [32].

Les fibres cellulosiques ont une structure semi-cristalline. En effet l'analyse par diffraction aux rayons X [32; 33] montre que la cellulose s'organise en microfibrilles dans lesquelles les chaînes macromoléculaires se trouvent disposées régulièrement et parallèlement le long de la fibre. Ce sont les domaines cristallins. Entre ces domaines ordonnés, les chaînes cellulosiques perdent leur régularité d'arrangement et forment des domaines amorphes (figure 15). Il est difficile de donner des valeurs exactes du degré de cristallinité des diverses variétés de cellulose, mais il est de l'ordre de 60 à 70% pour les principales fibres cellulosiques. Les domaines cristallins ont en moyenne une longueur de l'ordre de 300 à 500 Å et un diamètre de l'ordre de 50 Å [32].

Bien que la cellulose ait une forte affinité pour l'eau, elle reste cependant parfaitement insoluble en raison de la formation de ponts hydrogène entre les chaînes [34].

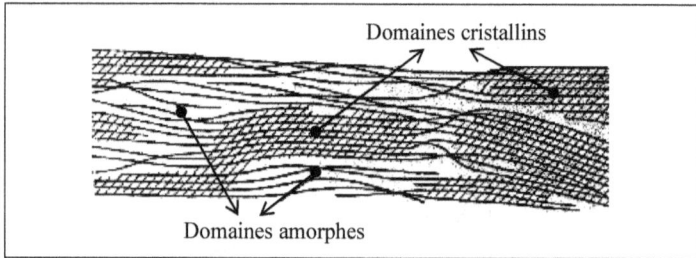

Figure 15 : Schéma montrant les domaines cristallins et amorphes de la cellulose [32]

III-2. Caractéristiques générales de la cellulose

Les fibres végétales doivent leurs qualités mécaniques, qui les rendent aptes aux divers emplois, aux propriétés particulières de la cellulose. La cellulose présente une densité de l'ordre de 1,6. Celle-ci varie suivant la nature de la fibre. La chaleur spécifique de la cellulose sèche est voisine de 1,36 et s'élève à 1,41 pour une cellulose contenant 7% d'humidité [32]. Le coefficient de dilatation linéaire est fonction de la nature de la fibre et de la direction considérée. Il est de l'ordre de 10^{-5} dans la direction de la fibre de ramie et de 8.10^{-5} dans les directions transversales. La cellulose peut être chauffée jusqu'à 110°C sans subir une altération sensible et commence à jaunir aux environs de 180°C en devenant cassante. Elle se décompose nettement au-delà de 180°C avec dégagement de gaz. La cellulose est transparente dans l'ultraviolet jusqu'à 0,2 µm environ [32].

Les parties amorphes de la cellulose contiennent des hémicelluloses, des polysaccharides et des substances pectiques constituant la matrice isotrope de la structure composite de la fibre. Ces parties amorphes sont fortement hydrophiles et présentent des propriétés exceptionnelles de gonflement. La cellulose confère aux fibres leurs principales propriétés de flexibilité et de gonflement dans l'eau. La quantité d'eau absorbée par une fibre dépend de la proportion de cellulose amorphe et des impuretés qu'elle contient [33]. Enfin, la matière cellulosique possède des propriétés chimiques spécifiques.

III-3. Propriétés chimiques de la cellulose

Les acides et les bases sont très utilisés dans les opérations d'extraction (par voie chimique) et de traitement de fibres (blanchiment, préparation de la pâte à papier, etc.). Il importe de connaître l'action de ces composés sur la substance cellulosique en vue d'une meilleure utilisation.

III-3.1. Hydrolyse de la cellulose

Sous l'action des solutions acides, la cellulose subit une dégradation résultant de la coupure des chaînes macromoléculaires avec fixation d'eau. A chaud, l'acide sulfurique concentré permet d'obtenir quantitativement le glucose à partir de la cellulose [32] comme l'indique la réaction chimique :

$$[C_6H_{10}O_5]_n + nH_2O \longrightarrow nC_6H_{12}O_6 \qquad \text{Eq. 6}$$

Dans des conditions plus ménagées, notamment sous l'action d'acides minéraux ou organiques plus ou moins dilués, on obtient toute une série de fragments de chaînes cellulosiques qui se rangent dans l'ordre suivant [32]: glucose $(C_6H_{12}O_6)$; cellobiose $(C_{12}H_{22}O_{11})$; cellotriose $(C_{18}H_{32}O_{16})$; cellotrose $(C_{24}H_{42}O_{11})$; cellohexose $(C_{36}H_{62}O_{31})$; collodextrines (H-$[C_6H_{10}O_5]_p$-OH avec $10 < p < 30$); hydrocellulose (H-$[C_6H_{10}O_5]_q$–OH avec $30 < q < 200$); cellulose technique (H-$[C_6H_{10}O_5]_r$-OH avec $200 < r < 1000$) et cellulose native (H-$[C_6H_{10}O_5]_n$-OH avec $n > 1000$).

Il importe également de souligner que la chaîne macromoléculaire de cellulose n'est pas aussi régulière que le laisserait penser la formule $(C_6H_{10}O_5)_n$. En effet par endroit, les chaînons de glucose sont remplacés par des motifs d'autres sucres, notamment du xylose [32]. Statistiquement, il y a un motif différent après 500 à 600 motifs glucoses. La présence de ces irrégularités structurales provoque une fragilité particulière de la macromolécule en ces points. Ceci explique la diminution extrêmement rapide du degré de polymérisation qu'on observe au début de certains traitements d'extraction et de purification (blanchiment). Quelques opérations de blanchiment avec de l'hypochlorite par exemple, baissent rapidement le degré de polymérisation à des valeurs de l'ordre de 600 mais la dégradation des chaînes cellulosiques est ensuite beaucoup plus lente.

Dans la cellulose naturelle, il existe également des fonctions qui se rompent facilement au cours des traitements d'extraction et de purification.

III-3.2. Action des acides

Les acides minéraux concentrés (acide nitrique, acide chlorhydrique, acide phosphorique) réagissent à froid sur la cellulose en formant les combinaisons moléculaires suivantes : $[2C_6H_{10}O_5.NO_3H]_n$; $[2C_6H_{10}O_5.ClH]_n$; $[3C_6H_{10}O_5.PO_4H_3]_n$. Avec les acides organiques par contre, la cellulose donne plutôt des esters organiques.

III-3.3. Action des bases alcalines et des bases organiques

Les solutions diluées de bases alcalines sont sans action à froid sur les fibres cellulosiques (d'où la possibilité d'un traitement chimique des fibres par la soude). A chaud, elles provoquent leur brunissement.

Au contact des solutions concentrées de soude et à la température ambiante, les fibres cellulosiques subissent une transformation qui a été observée pour la première fois par Mercer [32] : les fibres gonflent par suite de la fixation des molécules de soude sur les groupements hydroxyles OH⁻ des chaînes cellulosiques. Le degré de gonflement de la fibre est fonction de la concentration de la soude.

Après l'élimination de la soude par lavage à l'eau, la cellulose régénérée possède des propriétés physico-chimiques différentes de celles de la cellulose native (cellulose naturelle) bien que sa composition chimique ne soit pas changée. Elle présente une plus grande réactivité vis-à-vis des agents chimiques, une absorption d'eau et une aptitude tinctoriale plus élevées. La diffraction aux rayons X montre que la cellulose régénérée subit une transformation du réseau cristallin. En effet, l'introduction transitoire des molécules de soude dans la maille de la cellulose provoque une légère translation et une rotation des chaînes cellulosiques et des motifs glucoses autour de leur axe en engendrant un réseau cristallin plus accessible aux réactifs. C'est en raison de ces transformations que la cellulose native est appelée *cellulose-I* et la cellulose régénérée, *cellulose-II* [32].

Les autres bases alcalines donnent des résultats analogues. On observe avec la potasse les mêmes transformations que la soude.

Une transformation analogue est obtenue par l'action de l'acide sulfurique concentrée ou de l'acide nitrique de concentration comprise entre 60 et 75%. En revanche, avec l'acide chlorhydrique et l'acide phosphorique, on obtient la cellulose-II.

III-3.4. Action de l'eau et des solutions salines

Les fibres cellulosiques sèches se comportent comme des substances hygroscopiques. Exposées à l'air humide, elles absorbent une quantité d'humidité qui dépend aussi bien de l'humidité relative de l'atmosphère que de la nature de la fibre et de la température. La molécule d'eau se fixe sur le groupe hydroxyle de la cellulose en donnant un hydrate $[2C_6H_{10}O_5.H_2O]_n$ [32]. L'absorption d'eau s'accompagne d'un léger gonflement des fibres. En effet, comme déjà précisé, les domaines amorphes de la cellulose native absorbent l'eau en se gonflant, mais dans les domaines cristallins, elle s'insère entre les chaînes cellulosiques sans modifier sensiblement leur écartement. La cellulose régénérée donne un hydrate contenant deux fois plus d'eau $[C_6H_{10}O_5.H_2O]_n$.

Ces propriétés de la cellulose ont une incidence directe sur les propriétés mécaniques des fibres. L'humidification à l'eau des fibres de sisal par exemple baisse leur contrainte de rupture à 87% de sa valeur à l'état sec [19]. En revanche, le module élastique des fibres se trouve augmenté en les maintenant tendues pendant le séchage.

III-3.5. Action des oxydants

Les oxydants utilisés pour les opérations de blanchiment causent une dégradation des chaînes cellulosiques plus ou moins poussée suivant leur nature, leur concentration, la température et la durée de leur action.

III-4. Modifications chimiques des fibres cellulosiques

On fait subir aux fibres naturelles cellulosiques des traitements chimiques en vue de modifier leurs propriétés tinctoriales, d'accroître leur ténacité et de diminuer leur reprise d'humidité. Certaines de ces techniques permettent d'accroître la qualité des fibres végétales en leur donnant quelques propriétés particulières des fibres synthétiques [32].

III-4.1. Acétylation et Cyanoéthylation

Ce sont des traitements chimiques qui diminuent l'affinité aux colorants et augmentent considérablement la résistance de la cellulose aux micro-organismes, à la pourriture et aux intempéries. Ces traitements s'effectuent sur des bourres ou sur des fibres élémentaires.

Des tests réalisés sur des tissus de coton ont montré que la cyanoéthylation accroît sensiblement sa résistance aux différents micro-organismes et à la pourriture [32].

L'échantillon de coton cyanoéthylisé, enfoui dans un sol infecté par différents micro-organismes ne subit aucune perte de solidité après 6 mois alors qu'un échantillon non traité placé dans les mêmes conditions perd toute résistance au bout d'une semaine [32].

La cyanoéthylation diminue également le taux de reprise d'humidité de la fibre et augmente sa résistance à la chaleur et aux solutions acides diluées sans modification sensible de sa ténacité [32].

III-4.2. Mercerisation des fibres

C'est une technique ancienne de traitement de coton par des solutions alcalines concentrées [32]. Elle permet de donner aux fibres un aspect brillant et une meilleure affinité tinctoriale. La mercerisation du coton par exemple consiste à traiter celui-ci pendant 30 à 50 secondes par une solution de soude de concentration comprise entre 19 et 28%. Elle s'effectue à une température maximale ne dépassant pas les 35°C et en présence éventuellement d'agents mouillants facilitant la pénétration de la solution. Lorsque l'opération est effectuée sans tension des fibres, elle provoque un gonflement latéral et un retrait longitudinal. Les fibres deviennent plus dures, résistantes et brillantes. Si le traitement est effectué en maintenant les fibres sous tension de manière à empêcher le retrait, elles s'amincissent et deviennent plus dures et plus transparentes après lavage.

IV- CONCLUSION

Cette étude bibliographique montre que les fibres naturelles cellulosiques ont fait l'objet de nombreux travaux de caractérisation physico-chimiques mais elles restent encore très peu connues sur le plan mécanique. La rareté des travaux de caractérisation mécanique des fibres naturelles dans la littérature s'expliquerait par l'intérêt qu'elles ont présenté jusqu'à lors. En effet, traditionnellement utilisées exclusivement dans la papeterie et le textile, les fibres naturelles cellulosiques ont fait l'objet de nombreux travaux d'investigation des laboratoires chimiques. L'intérêt écologique qu'elles offrent aujourd'hui dans l'élaboration des matériaux biodégradables favorisera leur connaissance du point de vue mécanique. La suite de la présente étude permettra d'apporter une contribution dans ce sens.

DEUXIEME PARTIE

CARACTERISATION PHYSICO-CHIMIQUE ET
THERMOMECANIQUE DES ARGILES ET DES FIBRES
NATURELLES CELLULOSIQUES

CHAPITRE I

CARACTERISATION PHYSICO-CHIMIQUE DES ARGILES

I- INTRODUCTION

La caractérisation portera sur six variétés d'argiles du Togo (Annexe I) fournies par le Centre de Construction du Logement qui est un centre étatique chargé de la dissémination des méthodes et techniques de construction.

Le choix de ces variétés est basé sur des critères essentiellement économiques. Ce sont entre autres, l'importance du gisement et sa proximité d'un centre urbain ou rural dont il portera le nom. Ce sont notamment (Annexe I) :

- l'Argile Blanche de Bangéli (ABB) qui est une argile kaolinique,
- l'Argile Noire de Togblékopé (ANT),
- l'Argile Rouge de Guérin-Kouka (ARG),
- l'Argile Verte de Kouvé (AVK),
- l'Argile Rouge de Kouvé (ARK) et
- l'Argile Rouge de Albi-2 (ARA).

Le critère de proximité des gisements vise essentiellement à réduire les coûts d'approvisionnement et faciliter le développement des fabriques en briqueterie-tuilerie.

Hormis le mode d'élaboration, les propriétés physico-chimiques de l'argile (plasticité, pH, granulométrie, teneur en éléments minéraux tels que la silice, les oxydes métalliques, etc.), influent largement sur les caractéristiques de la matrice après la cuisson [2; 7; 35], ce qui fait la différence de la qualité des produits.

Ces propriétés physico-chimiques sont déterminantes tant au niveau du façonnage, du séchage que de la cuisson d'une argile. Leur importante variation suivant les gisements fait de chaque matière première un cas d'espèce. Ceci exige une connaissance particulière de chaque argile, en vue:

■ d'adapter à chaque matière première une transformation précise (teneur en eau de préparation des pâtes, précautions de séchage, diagramme de cuisson, etc.);

■ de mieux contrôler les matières premières lorsque l'un des paramètres (pH, composition en éléments minéraux, granulométrie, etc.) viendra à changer par suite de phénomènes naturels (pluie, érosion, inondation des carrières par des eaux plus ou moins salines, acides ou basiques, etc.).

La caractérisation physico-chimique portera sur l'argile dans ses différents états de transformation, c'est-à-dire sur les poudres, les barbotines et les pâtes.

II- CARACTERISTIQUES PHYSICO-CHIMIQUES DES POUDRES D'ARGILE

II-1. Identification des éléments minéraux aux rayons X

Les argiles sont constituées en grande partie de silice à laquelle s'ajoutent en faibles proportions les oxydes métalliques (Fe_2O_3, Al_2O_3 , CaO, K_2O, etc.). L'identification des éléments minéraux constitutifs est effectuée aux rayons X. L'échantillonnage des différentes variétés d'argiles a été effectué, selon une méthode propre au C.C.L, de sorte que l'échantillon soit le plus représentatif possible de l'ensemble du gisement.

Le tableau 3 donne les teneurs moyennes en éléments minéraux de quelques unes des argiles étudiées. Quelques difficultés d'ordre technique n'ont pas permis d'analyser toutes les variétés d'argiles.

Tableau 3 : Teneurs en éléments minéraux de quelques variétés d'argiles

Variétés d'argile	Teneurs en éléments minéraux (en %)				
	Silice (SiO_2)	Oxyde de fer (Fe_2O_3)	Oxyde d'aluminium (Al_2O_3)	Oxyde de calcium (CaO)	Oxyde de potassium (K_2O)
Argile Blanche de Bangéli	69,84	-	22,80	-	7,36
Argile Noire de Togblékopé	66,80	10,06	20,88	2,26	-
Argile Rouge de Guérin-K.	62,07	10,59	20,58	-	6,76

Ces résultats montrent que ces argiles sont constituées de plus de 60% de silice. L'Argile Blanche de Bangéli contient une forte proportion de silice (70% environ) avec des traces d'oxyde de Fer. L'absence de cet oxyde explique sa coloration blanchâtre.

II-2. Détermination des masses volumiques absolues des argiles

La masse volumique absolue ρ_a désigne la masse volumique des particules solides argileuses. C'est la masse des grains d'argile rapportée au volume qu'ils occupent. Elle est déterminée par pesage.

Protocole expérimental : Un échantillon d'une masse **m** (50 grammes en général) d'argile étuvée à 120°C pendant 24 heures est prélevé, broyé puis dilué à l'eau distillée. Le mélange est malaxé par un agitateur électrique pendant 24 heures en vue d'une parfaite homogénéisation et dissociation des particules solides. Le mélange homogène est introduit dans un pycnomètre (bocal en verre) puis complété d'eau distillée. La masse M_1 de la solution finale est pesée. La masse M_2 d'un volume équivalent d'eau distillée est également pesée.

La masse volumique absolue de l'argile considérée est donnée par l'expression [10] (voir annexe III-1) :

$$\rho_a = \frac{m}{(m + M_2 - M_1)} \cdot \rho_{eau} \qquad \text{Eq. 7}$$

ρ_{eau} désignant la masse volumique de l'eau.

Le tableau 4 donne les valeurs moyennes des masses volumiques absolues des différentes argiles.

II-3. Masse volumique apparente des poudres sèches

La masse volumique apparente désigne la masse volumique de l'argile dans son état poreux. La masse volumique apparente diffère de la masse volumique absolue par le volume des interstices contenus dans la masse de l'argile.

Résultats expérimentaux : Le tableau 4 donne les caractéristiques physiques des poudres sèches passées au tamis de 0,5mm d'ouverture.

Tableau 4 : Masses volumiques absolue et apparente des poudres d'argiles sèches tamisées à 0,5 mm d'ouverture de tamis

Variétés d'argiles	Valeurs moyennes des masses volumiques absolues et apparentes des argiles		
	Masse vol. absolue ρ_a (g/cm³)	Masse volumique apparente (g/cm³)	
		poudres sèches non tassées	poudres sèches tassées (2 MPa)
Argile Blanche de Bangéli	2,56	0,9 - 0,95	1,1
Argile Noire de Togblékopé	2,58	1,3 - 1,35	1,4
Argile Rouge de Guérin-Kouka	2,62	1 - 1,1	1,2
Argile Verte de Kouvé	2,47	1	1,2
Argile Rouge de Kouvé	2,5	1,2	1,35 - 1,4
Argile Rouge d'Albi-2	2,52	1	1,15 - 1,2

Ces résultats montrent que les différentes argiles présentent approximativement la même densité absolue. Ceci se justifie par le fait que les proportions des principaux éléments constitutifs de ces matières premières sont analogues pour l'ensemble des argiles (tableau 3).

II-4. Teneurs en matières organiques et perte au feu

II-4.1. Teneurs en matières organiques ou en cendres

La teneur en matières organiques ou en cendres notée C_{MO} est le rapport de la masse de matières organiques présentes dans l'argile à la masse totale des matières solides.

Protocole expérimental : La cuisson des poudres à 600°C préalablement étuvées à 60°C pendant 24 heures permet de brûler toutes les matières organiques contenues dans les argiles brutes [3; 5]. La masse de matières brûlées est alors déduite par pesage.

Le tableau 5 donne les valeurs moyennes des teneurs en matières organiques des différentes variétés d'argiles.

II-4.2. Pertes au feu des différentes poudres d'argile

Protocole expérimental : La perte au feu notée C_{FF} est déterminée de la même manière que la teneur en cendres, mais la cuisson s'effectue à 1060°C.

Les valeurs moyennes des pertes au feu des différentes argiles sont également mentionnées au tableau 5.

Tableau 5: Teneurs en cendres et pertes au feu des argiles en pourcent de la masse sèche. C_{MO} : teneur en cendres; C_{FF} : pertes au feu

Variétés d'argiles	Valeurs moyennes	
	Teneurs en cendres C_{MO} (%)	Pertes au feu C_{FF} (%)
Argile Blanche de Bangéli	6	6
Argile Noire de Togblékopé	7	7,5
Argile Rouge de Guérin-Kouka	8	8,5
Argile Verte de Kouvé	7,5	7,8
Argile Rouge de Kouvé	7	7,4
Argile Rouge de Albi-2	8	8,5

Le kaolin de Bangéli présente la plus faible teneur en matières organiques en raison de sa formation par destruction de la roche-mère sur place [13] (on obtient de l'argile sous sa forme pure). En revanche, les autres variétés étant formées par sédimentation des eaux en mouvement, elles contiennent des proportions de matières organiques plus importantes (7 à 9% en masse sèche d'argile). Néanmoins, toutes ces différentes variétés d'argiles restent faiblement organiques.

L'argile est dite faiblement organique lorsqu'elle présente une teneur en cendres inférieure à 10%, fortement organique au-delà de 30% et moyennement organique entre les deux limites [5].

Notre étude portera donc sur des argiles faiblement organiques. Celles-ci sont les plus présentes au Togo.

II-5. Analyse granulométrique et classification décimale des argiles

II-5.1. Analyse granulométrique

Elle détermine la proportion des particules en fonction de leur taille. La taille des particules influence la plasticité de la pâte à modeler, la texture et les propriétés de la matrice du produit fini.

La répartition granulométrique des terres et argiles utilise deux techniques complémentaires : le tamisage pour la portion dont les particules ont une taille supérieure à 100µm et la sédimentométrie pour la portion de taille inférieure à 100 µm [5; 7; 36].

II-5.1.1 Le tamisage

Protocole expérimental : Le tamisage s'opère sur un échantillon de masse sèche m_0. L'échantillon est lavé sur un tamis de 100 µm d'ouverture. Le refus, séché et pesé, subit une série de tamisages aux tamis d'ouvertures supérieures à 100 µm et de plus en plus croissantes. Les dimensions des mailles des tamis croissent en progression géométrique de raison $\sqrt[10]{10}$. On utilise couramment les tamis dont les mailles présentent des dimensions de 100µm, 400µm, 1 mm, 2 mm, 5 mm, 10 mm, 20 mm, 32 mm, etc. [3; 5; 7]. Les masses des quantités obtenues après chaque tamisage sont séchées et pesées. On peut alors définir en échelle logarithmique la proportion de particules en pour cent de la masse totale m_0 (en ordonnées) par intervalle de diamètre (en abscisse).

II-5.1.2 La sédimentométrie

Cette technique est basée sur la vitesse de chute des particules supposées sphériques : la vitesse de chute des particules dans un liquide au repos est proportionnelle à leur diamètre.

Protocole expérimental : La sédimentométrie consiste à disperser dans l'eau par agitation la portion de terre dont les particules ont une taille inférieure à 100 µm (portion recueillie après lavage de terre sur un tamis de 100 µm d'ouverture). En procédant à des prélèvements échelonnés dans le temps et à une hauteur constante on obtient, comme précédemment, la répartition des particules en pour cent de la masse totale des particules en fonction de leur taille.

Les deux courbes tracées sur un même graphe donnent la courbe différentielle complète de la granulométrie de l'argile considérée. La courbe cumulée est obtenue en cumulant la proportion totale de particules de taille inférieure à chaque diamètre.

II-5.2. Courbes granulométriques

L'élaboration des tuiles exige des pâtes fines pour une bonne étanchéité et une meilleure texture de la matrice. Les poudres analysées ont donc été préalablement broyées et tamisées au tamis de 0,5 mm d'ouverture. Les différentes poudres ont été analysées au granulomètre laser (*COULTER LS 130*) qui donne directement la répartition de la taille des particules en pourcent du volume total.

Résultats expérimentaux : Les figures 16 donnent les courbes granulométriques différentielles et cumulées des six variétés d'argile.

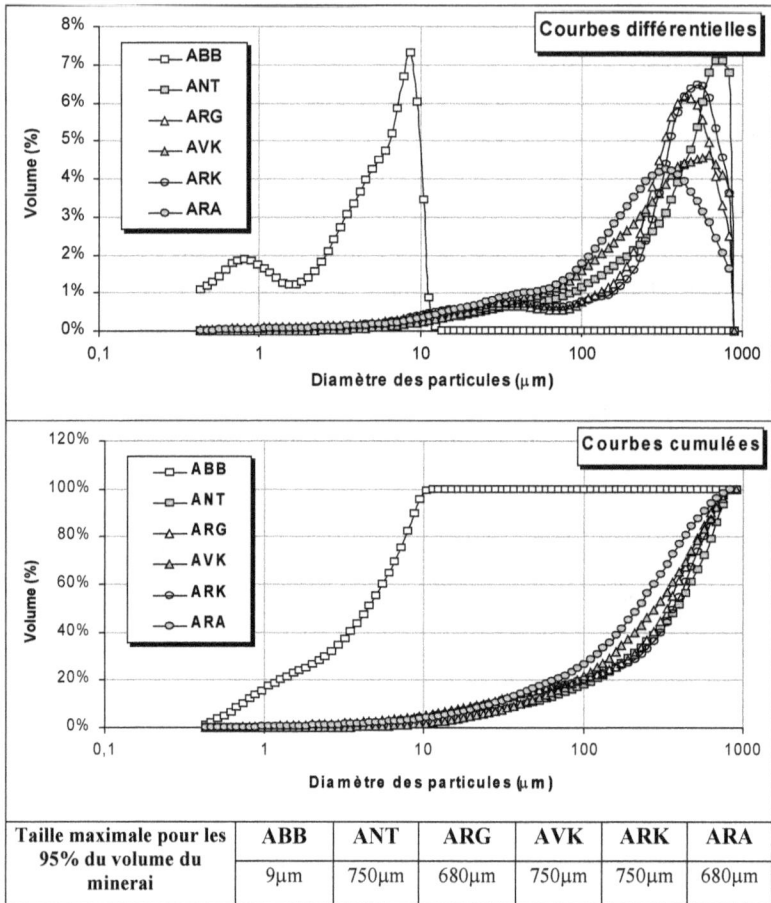

Figure 16 : Courbes granulométriques différentielles et cumulées des différentes argiles

Les courbes granulométriques montrent qu'en dehors de l'Argile Blanche de Bangéli, qui présente une nature très fine, toutes les autres variétés d'argiles se trouvent dans le même fuseau granulométrique.

En désignant par D_p le diamètre correspondant au pourcentage volumique $p(\%)$ d'une courbe cumulée, on désigne par [5] :

■ D_{10}, le diamètre efficace ;

- **Cu= D_{60}/D_{10}**, le coefficient d'uniformité ou coefficient de Hazen
- **Cz= $(D_{30})^2 /D_{10}.D_{60}$**, le coefficient de courbure.

Le tableau 6 donne les valeurs moyennes du diamètre efficace et des coefficients Cu et Cz.

Tableau 6 : Caractéristiques des courbes granulométriques cumulées

ARGILES	Tailles		Valeurs moyennes des coefficients		
	D_{30}	D_{60}	Diamètre efficace D_{10}	Coefficient de Hazen **Cu**	Coefficient de courbure **Cz**
ABB	3	6	0,8	8	1,9
ANT	200	475	45	11	1,9
ARG	200	390	23	17	4,5
AVK	150	360	40	9	1,6
ARK	220	430	25	17	4,5
ARA	120	275	27	10	2

II-5.3. Classification décimale des argiles

Les terres sont classées suivant la taille de leurs particules [2; 5; 37; 38] en:

- argiles pour des particules de taille inférieure à 2 µm,
- limons pour des particules de taille comprise entre 2 et 20 µm,
- sables fins pour des particules de taille comprise entre 20 et 200 µm,
- sables gros pour des particules de taille comprise entre 200 et 2000 µm.

Résultats expérimentaux : Les teneurs moyennes des différentes matières premières en particules argileuses, en limon, en sables fins et gros sont mentionnées dans le tableau 7.

Tableau 7 : Composition moyenne des poudres en argile, limon et sables
fins et gros (en % du volume de matière sèche)

CLASSIFI-CATION DECIMALE	Types de terres	argiles	limons	sables fins	sables gros
	ϕ particules	$\phi \le 2\mu m$	$2 \le \phi \le 20\mu m$	$20 \le \phi \le 200\mu m$	$200 \le \phi \le 2000\mu m$
	ABB	26 %	74 %	traces	traces
	ANT	0 %	5 %	25 %	70 %
Composition	ARG	2 %	8 %	20 %	70 %
en volume	AVK	traces	5 %	33 %	62 %
	ARK	< 1 %	7 %	20 %	72 %
	ARA	< 1 %	6 %	40 %	53 %

Il résulte de cette classification qu'en dehors de l'argile blanche constituée de plus de 26 % de particules argileuses et de 74 % de limon, toutes les autres variétés sont constituées de moins de 2 % de particules argileuses proprement dit et de plus de 50 % de sable gros, et contiennent entre 20 et 40% de sable fin.

L'aptitude des argiles à l'élaboration des matériaux de construction dépend largement de la granulométrie [39; 40; 41; 42; 43; 44]. Des études expérimentales [40] ont montré qu'une bonne matière première doit contenir entre 70% et 80% de sable et 20% de limon et d'argile. Au-delà de 30%, la portion argileuse a des effets néfastes sur la durabilité des briques.

En cas de stabilisation de la brique par la chaux, la teneur en argile ne doit pas dépasser 45%. Ces matières premières riches en kaolinite ou en montmorillonite donnent les meilleures résistances avec la chaux et sont donc souvent conseillées pour la construction en argile [42; 45].
Exceptée l'Argile Blanche de Bangéli, toutes les matières premières contiennent en moyenne 90% de sable et 10% de limon et d'argile proprement dit.

Même si ces teneurs ne correspondent pas aux teneurs conseillées, les essais mécaniques permettront de conclure quant à l'aptitude des différentes matières premières à l'élaboration des matériaux de construction.

III- CARACTERISTIQUES PHYSICO-CHIMIQUES DES BARBOTINES

Les caractéristiques physico-chimiques suivantes ont été déterminées à partir des barbotines constituées d'un mélange équivalent en masse de poudres sèches d'argile et d'eau distillée. Les différentes barbotines présentent dans cet état une densité comprise entre 1,36 et 1,38.

III-1. Détermination du pH des argiles

Le pH des argiles est une donnée importante pour l'emploi des pâtes. Il permet de contrôler les matières premières en briqueterie-tuilerie pour une meilleure maîtrise de la transformation des pâtes. En effet, les propriétés d'une argile (plasticité, retrait, extrudabilité, cuisson, etc.) peuvent changer par suite de la variation de son pH, après un phénomène naturel (lessivage par les eaux de pluie, inondation, etc.).

Le pH des différentes barbotines a été déterminé à l'aide d'un pH-mètre après un malaxage à l'agitateur électrique et une parfaite homogénéisation des particules solides. Les valeurs moyennes du pH des différentes argiles (tableau 8) montrent que celles-ci sont faiblement acides à l'exception de l'Argile Rouge d'Albi dont le pH se situe entre celui d'une argile neutre et d'une argile franchement acide. Un traitement au carbonate (voir § III.-3.2), au silicate ou à l'humate est suffisant pour améliorer les propriétés des pâtes des différentes argiles étudiées.

III-2. Viscosité et tension superficielle des barbotines

La connaissance de la viscosité et de la tension superficielle des barbotines permet de mieux maîtriser la rhéologie et le comportement des pâtes et barbotines vis-à-vis des différents modes de façonnage (coulage, extrusion, moulage, etc.). La tension superficielle des barbotines par exemple explique la formation de défauts de la matrice dûs à l'emprisonnement de l'air lors de la mise en œuvre par coulage.

Protocoles expérimentaux : La viscosité de la barbotine est déterminée au viscosimètre RHEOVISCO après un malaxage du mélange eau-argile à l'agitateur électrique.

La tension superficielle est déterminée à partir de la hauteur d'ascension capillaire dans un tube capillaire (pipette Pasteur) (figure 17). Le bout de la pipette de diamètre **d** est plongé de **1mm** maximum dans la barbotine. On relève la hauteur d'ascension capillaire **h** de la barbotine après 5 secondes. Le dispositif expérimental est représenté à la figure 17.

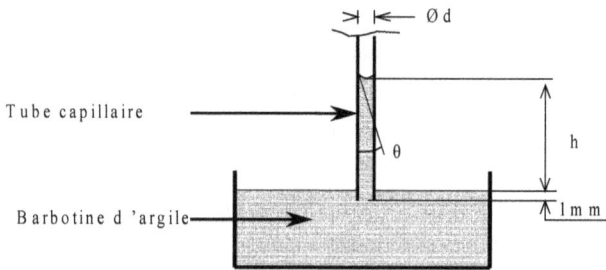

Figure 17 : Dispositif expérimental pour la mesure de la tension superficielle par la méthode d'ascension capillaire

La loi de JURIN [7] donne la tension superficielle en fonction de la hauteur h, soit:

$$\sigma = \frac{\rho.grh.\cos\theta}{2} \qquad \text{Eq. 8}$$

σ, (en $N.m^{-1}$), désigne la tension superficielle de la barbotine,

h, la hauteur d'ascension capillaire en m,

ρ, la masse volumique de la barbotine en $Kg.m^{-3}$,

r, le rayon du tube capillaire en m,

θ, l'angle de contact entre la paroi intérieure du tube et le ménisque que forme la surface de la barbotine et g la pesanteur en $m.s^{-2}$.

Dans le cas de la présente expérience, une légère couche d'eau surnage à la surface de la barbotine. L'angle de contact θ peut alors être assimilé à celui de l'eau, c'est-à-dire θ égal à 0°.

Résultats expérimentaux : Les valeurs moyennes de la viscosité et de la tension superficielle des barbotines constituées d'un mélange équivalent en masse d'argile sèche et d'eau sont mentionnées au tableau 8.

Tableau 8 : Tension superficielle et viscosité des barbotines d'argiles
(mélange équivalent en masse d'argile et d'eau)

Variétés d'argiles	Caractéristiques physico-chimiques des barbotines			
	pH	Hauteur capillaire h (mm)	Tension superficielle ($\times 10^3$ N/m)	Viscosité (poise)
Argile Blanche de Bangéli	7	16	54	24
Argile Noire de Togblékopé	6,2	12	40	82
Argile Rouge de Guérin-Kouka	6,4	8	27	65
Argile Verte de Kouvé	7,6	5	17	80
Argile Rouge de Kouvé	6,8	11	37	74
Argile Rouge d'Albi-2	5,7	6	20	75

Les différentes barbotines présentent une tension superficielle comprise entre 17.10^{-3} N/m et 54.10^{-3} N/m et une viscosité comprise entre 24 poises et 82 poises.

La barbotine de l'Argile Blanche de Bangéli présente la plus importante tension superficielle et la plus faible viscosité. Les barbotines de l'Argiles Noire de Togblékopé et de l'Argile Verte de Kouvé présentent une importante viscosité en raison de leur nature colloïdale. Enfin les barbotines de l'Argile Verte de Kouvé et de l'Argile Rouge d'Albi présentent les plus faibles tensions superficielles.

IV- CARACTERISTIQUES PHYSICO-CHIMIQUES DES PATES D'ARGILE

IV-1. Limites de consistance ou limites d'Atterberg

Une pâte d'argile présente trois états de consistance en fonction de sa teneur en eau : l'état solide, l'état plastique et l'état liquide. Ces trois états correspondent à trois plages de teneurs en eau délimitées par des teneurs en eau caractéristiques appelées limites de consistance ou limites d'Atterberg [3; 4; 5] : limite de liquidité ϖ_l, limite de plasticité ϖ_p et limite de retrait ϖ_r, (figure 18).

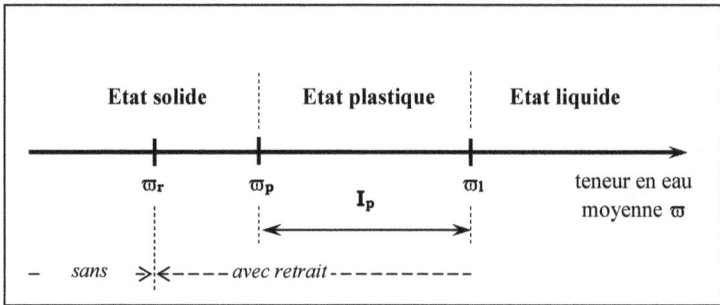

Figure 18 : Limites d'Atterberg et différents états de consistance d'une argile [5]

Ces limites de teneurs en eau, caractéristiques de chaque matière première, sont des données indispensables au travail de l'argile. Elles déterminent en particulier la plage de teneurs en eau pour lesquelles la pâte d'argile se trouve dans un état plastique, c'est-à-dire propice au modelage.

IV-1.1. Limite de liquidité ϖ_l

Elle correspond à la teneur en eau maximale au-dessous de laquelle la pâte se trouve dans son état plastique. Elle est déterminée expérimentalement par deux méthodes [3; 5] :

IV-1.1.1 Détermination de la limite de liquidité par le cône de pénétration [3; 5]

Protocole expérimental : ϖ_l est déterminé à l'aide d'un cône normalisé de 80 grammes (avec sa tige) et de 30° d'angle au sommet. La mesure s'effectue sur la portion d'argile dont les particules sont de taille inférieure à 420 µm. La poudre d'argile tamisée à 420 µm est préparée à une teneur en eau ϖ donnée puis malaxée par un agitateur. Le corps du cône est disposé verticalement et perpendiculairement à la surface plane de la pâte d'argile. La pointe du cône est en contact avec la surface de la pâte. Le mors de serrage (figure 19) libère le cône qui s'enfonce verticalement dans la pâte d'argile. La hauteur d'enfoncement **h** après 5 secondes de pénétration du cône est alors mesurée. L'opération est renouvelée pour différentes teneurs en eau. ϖ_l est obtenu par interpolation et désigne la teneur en eau correspondant à un enfoncement de **17 mm**. La figure 19 illustre le schéma du dispositif de test. Le mouvement coulissant du support cône permet de positionner la pointe du cône en contact avec la surface de la pâte.

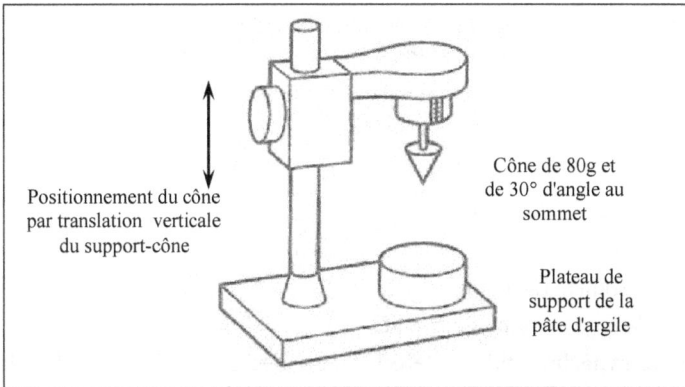

Positionnement du cône par translation verticale du support-cône

Cône de 80g et de 30° d'angle au sommet

Plateau de support de la pâte d'argile

Figure 19 : Schéma du pénétromètre de consistance ou pénétromètre à cône tombant [5]

Le tableau 9 donne les valeurs moyennes de ϖ_l déterminées par l'essai de pénétration du cône tombant. Elles varient de 18% à 31% pour les argiles étudiées.

IV-1.1.2 Détermination de la limite de liquidité par choc [3; 5]

Protocole expérimental : ϖ_l est déterminé au moyen d'un appareil normalisé appelé "coupelle de Casagrande". La coupelle de 10 cm de diamètre et de socle rigide est munie d'un système cranté. Celui-ci permet de secouer et de laisser retomber la coupelle d'une hauteur constante de 10 mm à raison d'un coup par seconde. La pâte fluide préparée à une teneur en eau donnée, est étalée dans la coupelle puis entaillée avec une spatule normalisée. On compte le nombre **N** de coups nécessaires pour que les lèvres de l'entaille se referment sur une longueur de 10 mm. L'opération est répétée pour différentes teneurs en eau de la pâte. La limite de liquidité correspond par convention au nombre de coups N égal à 25 [5].

On peut rester septique sur la correspondance entre les valeurs de ϖ_l déterminées par les deux méthodes mais chacune d'elles permet de comparer les différentes argiles entre elles. Toutefois, les résultats que nous avons obtenus expérimentalement par l'essai de pénétration du cône tombant (tableau 9) sont proches de ceux rencontrés dans la littérature [3; 4].

IV-1.2. Limite de plasticité ϖ_p

Elle correspond à la teneur en eau minimale au-dessus de laquelle la pâte devient plastique. La limite de plasticité est déterminée par une méthode basée sur la façonnabilité de la pâte.

Protocole expérimental : Elle est déterminée de manière très simple en confectionnant manuellement et par roulage, des bâtonnets de 3 mm de diamètre et de 100 mm de long à partir des pâtes de teneurs en eau variables. La limite de plasticité correspond à la teneur en eau au-dessous de laquelle il devient impossible de confectionner ces bâtonnets sans qu'ils se rompent ou s'émiettent [3; 5].

L'essai s'effectue habituellement par roulage de la pâte avec la paume de la main mais cette opération présente le risque d'étranglement des bâtonnets par les doigts indépendamment de l'état de plasticité de la pâte. Le roulage des bâtonnets entre deux lames de verre offre une répartition uniforme de la pression de roulage, une meilleure cylindricité des tubes et une meilleure répétabilité de l'essai. Les limites de plasticité déterminées dans ces conditions varient de 41 % à 64 % (tableau 9) pour les différentes argiles étudiées.

IV-1.3. Limite de retrait ϖ_r

Cette limite correspond à une teneur en eau au-dessous de laquelle la déshydratation de la matrice par évaporation n'a aucun effet sur la variation de volume. ϖ_r est déterminé à partir des courbes de retrait linéaire appelées courbes de Bigot [3; 5; 7] (figure 28). C'est une donnée déterminante dans le séchage d'une argile puisqu'elle indique la teneur en eau au-dessus de laquelle l'évaporation de l'humidité peut provoquer la fissuration et la déformation de la matrice. Les précautions et solutions préconisées à cet effet seront davantage détaillées au paragraphe VI du chapitre suivant. Les limites de retrait des argiles étudiées seront déterminées à la figure 27.

IV-1.4. Indice de plasticité I_p

L'indice de plasticité détermine l'étendue de la plage de teneurs en eau dans laquelle l'argile considérée se trouve dans un état plastique. Il correspond à la différence entre la limite de liquidité et la limite de plasticité [5] :

$$I_p = \varpi_l - \varpi_p \qquad\qquad \text{Eq. 9}$$

A titre indicatif, les valeurs les plus fortes de l'indice de plasticité sont obtenues avec les montmorillonites et plus particulièrement, celles chargées des cations sodium (Na^+) [5].

Résultats expérimentaux : Les valeurs expérimentales des limites de plasticité et de liquidité et des indices de plasticité déterminés à partir des argiles étudiées sont reportées au tableau 9.

Tableau 9 : Valeurs moyennes des limites d'Atterberg et des indices de plasticité

Variétés d'argile	Valeurs moyennes des limites de consistance		
	Limite de plasticité ϖ_p (%)	Limite de liquidité ϖ_l (%)	Indice de plasticité I_p (%)
Argile Blanche de Bangéli	31	44	13
Argile Noire de Togblékopé	18	44	26
Argile Rouge de Guérin-Kouka	24	48	24
Argile Verte de Kouvé	28	64	36
Argile Rouge de Kouvé	21	41	20
Argile Rouge d'Albi-2	24	64	40

Pour apprécier le degré de plasticité d'une argile, il faudra tenir compte de son indice de plasticité et de sa limite de liquidité. On se sert à cet effet d'abaques de plasticité.

IV-2. Plasticité des argiles : abaque de plasticité
IV-2.1. Diagramme de Casagrande
La limite de liquidité et l'indice de plasticité sont des données indicatives de la plasticité d'une argile et permettent de classer les matières premières à l'aide du diagramme de plasticité ou diagramme de Casagrande (figure 20). La droite moyenne $I_p(\varpi_l)$ est donnée par la relation de Casagrande [3; 5; 46] :

$$I_p = 0,73(\varpi_l - 20) \quad \text{avec } \varpi_l \text{ en } \% \qquad \text{Eq. 10}$$

De manière grossière, une terre est considérée comme peu plastique au-dessous de 50% de limite de liquidité et très plastique au-dessus. La droite oblique sépare la zone des terres argileuses des terres limoneuses.

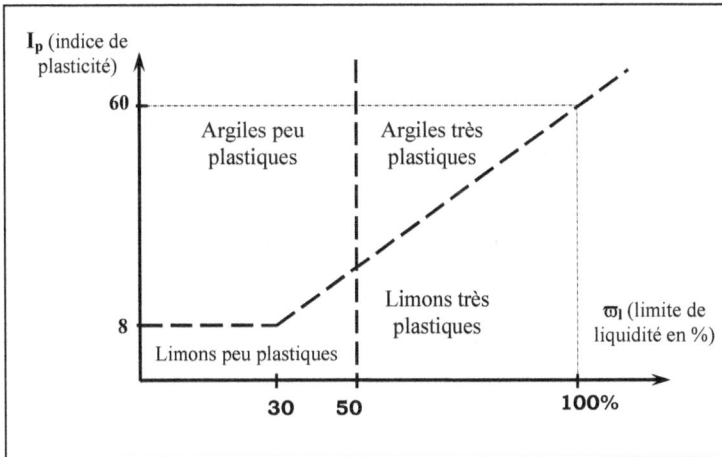

Figure 20 : Diagramme de plasticité de Casagrande [3; 5]

IV-2.2. Degré de plasticité des argiles étudiées

Les indices de plasticité et les limites de consistance des argiles étudiées étant déterminés, les positions de celles-ci peuvent être déterminées dans le digramme de Casagrande comme l'indique la figure 21.

Dans le diagramme de Casagrande, les différentes matières premières étudiées se situent dans la zone des argiles à l'exception de l'Argile Blanche de Bangéli qui se situe à la charnière entre les argiles et les limons. Mais la position de cette argile coïncide parfaitement avec la plage des argiles kaoliniques prévue par Casagrande dans son étude de la position des grandes classes de sols [5] et par Terzaghi et Peck qui ont mené des travaux similaires sur quelques sols types [5].

L'Argile Verte de Kouvé et l'Argile Rouge d'Albi se situent dans la zone des argiles très plastiques. En revanche, toutes les autres variétés d'argiles se situent presque à la limite entre le domaine des argiles très plastiques et celui des argiles peu plastiques. Elles peuvent donc être considérées comme des argiles plastiques.

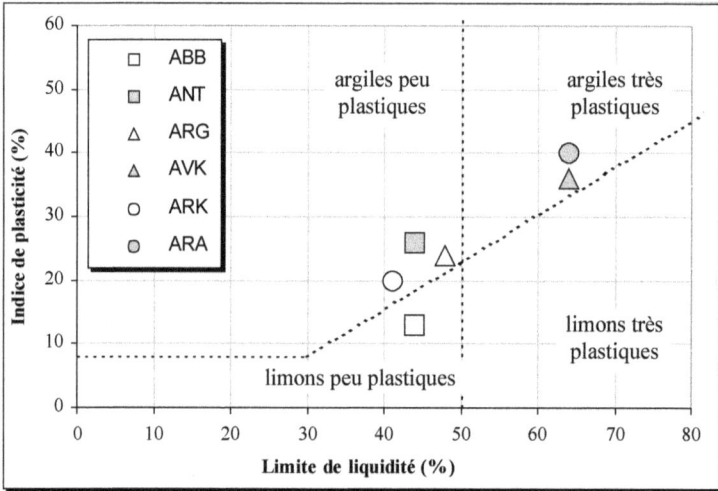

Figure 21 : Degré de plasticité des argiles étudiées

Il est néanmoins surprenant que l'Argile Noire de Togblékopé, très collante aux doigts à 18% de teneur en eau, soit située dans la zone des argiles peu plastiques. Ceci s'expliquerait par sa limite de liquidité peu élevée. Le degré de plasticité que donne le classement du diagramme ne devrait pas être considéré comme absolu. En revanche, ce classement exprime de manière significative l'étendue de la plage de teneurs en eau pour lesquelles une argile se trouve dans un état plastique.

IV-3. Amélioration des pâtes par traitement au carbonate

Le traitement des pâtes d'argile permet en général d'optimiser leurs propriétés et celles de la matrice résultante. Des études en briqueterie-tuilerie ont montré que le réglage du pH des pâtes dans une plage de valeurs dépendant de la nature de l'argile permet d'améliorer notamment son aptitude au façonnage (par filage, extrusion, coulage, etc.) et d'optimiser les propriétés physico-chimiques (texture, perméabilité, retrait, porosité, etc.) et thermomécaniques (résistance à l'écrasement et à la flexion) de la matrice [7].

Cette étude a fait l'objet d'une investigation menée par BARKER et TRUOG pendant 8 ans aux U.S.A et reprise en France par le laboratoire du Centre Technique des Tuiles et Briques (CTTB).

IV-3.1. Importance du traitement des pâtes dans la fabrication de tuiles et briques.

Le réglage du pH, à des valeurs caractéristiques de chaque variété d'argile, par ajout de carbonate de sodium apporte plusieurs améliorations à la qualité de la pâte et des matrices résultantes [7] :

▪ la plasticité de la pâte augmente, la pression de mise en forme s'en trouve réduite et la quantité d'eau de façonnage diminuée. L'argile est moins perméable et peut séjourner un certain temps dans l'eau sans se déliter.

▪ le réglage du pH permet l'étirage parfait de produits creux (briques creuses extrudées, etc.) sans arrachement de cloisons ou d'arêtes à partir des argiles initialement impropres à ce mode de fabrication.

▪ la texture physique de la matrice est améliorée : le feuilletage du matériau disparaît et les matrices deviennent plus compactes, avec moins de porosité. La surface des produits devient plus lisse.

▪ le retrait au séchage peut être diminué et la température de cuisson, abaissée.

▪ la tenue mécanique de la matrice augmente : celle-ci devient plus résistante à la compression et à la flexion.

Une étude analogue menée par le CTTB [7] sur une variété d'argile a montré que le dosage au carbonate accroît sa résistance à la compression de $650 Kg/cm^2$ à $780 Kg/cm^2$ et abaisse la porosité de la matrice de 29,1% à 26,4%, pour une même température de cuisson.

IV-3.2. Traitement des pâtes au carbonate de sodium : Courbes de neutralisation.

Les différentes argiles étudiées étant faiblement acides (voir § II.1), on peut recourir au carbonate de sodium ou de potassium pour leur traitement. Le carbonate de sodium CO_3Na_2 est généralement employé en raison de son coût relativement peu élevé. Le traitement des argiles au carbonate permet de déterminer leur courbe de neutralisation. Les courbes permettent de déterminer pour chaque argile étudiée, le dosage optimal en carbonate applicable dans la fabrication de tuiles et briques.

Protocole expérimental : L'essai proposé par BARKER et TRUOG [7] suit la procédure suivante :

▪ Un échantillon de 260 g d'argile sèche est broyé dans un mortier de porcelaine puis tamisé au tamis de 0,4 mm d'ouverture. Le résidu est à nouveau broyé de sorte à faire passer toute la matière de la prise d'essai au travers du tamis,

▪ La poudre obtenue est répartie en 13 échantillons de 20 g dans des béchers. On ajoute successivement aux échantillons et à partir du $2^è$ bécher, des quantités croissantes de 0,1% par rapport à la masse sèche d'argile, le carbonate de sodium (le bécher n°1 contient ainsi l'échantillon de référence et le $13^è$, 0,24g de Ca_3Na_2 et 20 g d'argile sèche).

▪ On ajoute de l'eau distillée dans chaque bécher de sorte que la dilution finale soit de 50cm^3 de solution. Le pH de chaque mélange est déterminé après 15 minutes de malaxage. Le premier échantillon donne le pH naturel de l'argile considérée.

▪ On peut alors établir la courbe donnant le pH en fonction du pourcentage (par rapport à la masse sèche d'argile) de carbonate ajouté. Cette courbe définit la courbe de neutralisation de l'argile.

Résultats expérimentaux : La figure 22 donne les courbes de neutralisation des différentes argiles, établies à la température ambiante.

L'ajout d'une faible proportion de carbonate à l'argile naturelle fait d'abord augmenter sensiblement son pH, puis celui-ci se stabilise au delà de 0,5 %.

Hormis l'Argile Blanche de Bangéli et l'Argile Rouge d'Albi, le pH de toutes les variétés croît dans les mêmes proportions en fonction du dosage de carbonate. Le pH de l'Argile Blanche de Bangéli, initialement neutre, augmente très sensiblement pour un ajout de 0,1 % de carbonate. Comparée aux autres variétés, l'Argile Rouge d'Albi présente une neutralisation moins rapide.

Toutes les courbes de neutralisation déterminées présentent deux à quatre points d'inflexion. Chacun de ces points singuliers correspond en fait à la neutralisation d'un sel que contient l'argile [7]. Les différentes argiles étudiées contiennent par conséquent plusieurs sels en quantités appréciables. Ces points singuliers permettent de définir le dosage optimal de chaque argile en carbonate de sodium.

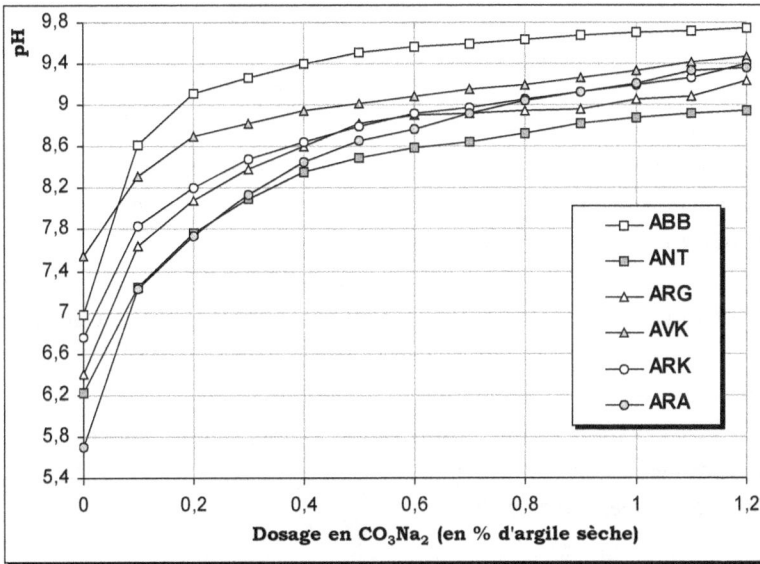

Figure 22 : Courbes de neutralisation des pâtes d'argile au carbonate de sodium.

IV-3.3. Dosage optimal des pâtes en carbonate de sodium.

Le dosage optimal en carbonate d'une argile correspond au dernier point d'inflexion de sa courbe de neutralisation. En effet, au-delà de ce dosage, l'ajout de carbonate n'augmente que très peu le pH de la pâte, la pente de la courbe devenant de plus en plus faible. Il est recommandé de ne pas dépasser ce dosage au risque de provoquer la floculation de la pâte [7] en la rendant impropre à l'élaboration.

Les dosages recommandables pour le traitement des différentes argiles, dans notre cas, sont mentionnés dans le tableau 10.

Tableau 10 : Dosage en carbonate des argiles en pourcent de la masse sèche d'argile.

	Dosage en carbonate par variété d'argile					
	ABB	ANT	ARG	AVK	ARK	ARA
Dosage en CO_3Na_2 (en % de la masse sèche d'argile)	0,5	0,6	0,5	0,4	0,5	0,6-0,8
pH de la pâte traitée	9,5	8,6	8,8	9	8,8	8,8-9

Le dosage des différentes argiles varie de 0,4 % à 0,8 %. Ces proportions sont très voisines de celles que recommande le CTTB pour leurs argiles soit un dosage voisin de 0,6 % en carbonate de sodium [7].

L'action du carbonate dissout est plus efficace que lorsqu'il est ajouté à l'argile sous forme de poudre. Il présente en outre une solubilité de 150g au litre d'eau. Les faibles quantités de carbonate à ajouter à l'argile peuvent donc facilement se dissoudre dans l'eau de malaxage. Il est par conséquent recommandé d'humidifier l'argile avec de l'eau dans laquelle on aura dissout préalablement du carbonate.

V- SYNTHESE ET APPLICATION DES RESULTATS A L'ELABORATION DES TUILES ET BRIQUES

La préparation des pâtes des matières premières doit s'effectuer dans les limites de teneur en eau indiquées dans le tableau 11. Dès l'extraction, la teneur en eau des matières premières est évaluée afin de déterminer la quantité d'eau nécessaire à ajouter. Le carbonate de sodium est alors dissout dans l'eau, dans les proportions indiquées dans le tableau 11. Le dosage en carbonate ne doit pas excéder les proportions indiquées au risque d'une floculation des pâtes.

Tableau 11 : Teneurs en eau et dosages en carbonate pour la préparation des pâtes.

argiles	Limites des teneurs en eau conseillées		Dosage en carbonate de sodium (en % de la masse sèche d'argile)
	Teneur en eau minimale (%)	Teneur en eau maximale (%)	
Argile Blanche de Bangéli	30	45	0,6
Argile Noire de Togblékopé	20	45	0,4
Argile Rouge de Guérin-K.	25	50	0,5
Argile Verte de Kouvé	30	60	0,5
Argile Rouge de Kouvé	20	40	0,5
Argile Rouge de Albi-2	25	60	0,7

VI- CONCLUSION

Les premières analyses des échantillons des différentes argiles montrent que l'Argile Blanche de Bangéli se distingue singulièrement des autres variétés du point de vue de sa composition chimique par sa très faible teneur en oxyde de fer et du point de vue granulométrique par sa composition en particules très fines. Elle se situe de ce fait à la charnière entre les argiles et les limons. Ceci implique une incidence sur sa plasticité.

Elle présente la plus faible indice de plasticité, c'est-à-dire une plage réduite de teneurs en eau qui la rendent plastique.

Nous nous gardons néanmoins de procéder à une élimination des variétés en nous basant uniquement sur leur nature et leur plasticité. La suite des essais de caractérisation montrera si cette matière première peut être employée dans l'élaboration de matériaux de construction.

A la différence de cette argile, toutes les autres variétés se situent dans un même fuseau granulométrique. La caractérisation a également montré que les six variétés d'argiles sont faiblement organiques et faiblement acides à l'exception de l'Argile Rouge d'Albi-2 dont le pH se situe entre celui d'une argile neutre et d'une argile franchement acide.

La connaissance des particularités de chaque matière première permettra une meilleure compréhension des différences de comportement que ces argiles pourraient présenter à la mise en œuvre, au séchage ou à la cuisson.

Une autre tâche effectuée sur les différentes argiles concerne le traitement des pâtes au carbonate de sodium en vue d'améliorer la qualité des produits finaux.

Fort des différents résultats, nous avons proposé des dosages en carbonate et des teneurs en eau propices à l'élaboration de chaque variété d'argile. Une procédure pratique du dosage en carbonate applicable dans l'élaboration des tuiles et briques a été également proposée.

CHAPITRE II

ETUDE EXPERIMENTALE ET MODELISATION DU SECHAGE D'UNE MATRICE D'ARGILE

I- INTRODUCTION

Dans le processus d'élaboration des tuiles et briques, l'opération de séchage revêt une difficulté particulière eu égards à la fissuration et à la déformation des matrices qu'elle provoque.

L'évaporation de l'humidité de la matrice en cours de séchage s'accompagne de la densification et de la variation de dimensions de la matrice appelée retrait. Ces phénomènes est à l'origine de la fissuration et de la déformation de la matrice.

La compréhension du mécanisme de densification et de retrait permettra de palier à ces problèmes. La quantification de ces phénomènes permettra enfin de proposer une procédure de séchage adaptée à chaque matière première afin de limiter les risques de fissuration et de déformation ou de venir à bout de ces défauts.

Pour ce faire, nous adopterons deux approches complémentaires : une approche expérimentale qui permettra une quantification de ces phénomènes à l'échelle macroscopique et une approche théorique qui consiste à modéliser le séchage d'une matrice en argile afin d'aborder ces mécanismes à l'échelle d'un élément de volume, c'est-à-dire à tous les points de l'épaisseur de la matrice.

II- ELABORATION DES MATRICES

Le mode d'élaboration de la matrice influence ses caractéristiques mécaniques et physiques. Les échantillons sont donc élaborés de manière à reproduire le plus fidèlement possible la structure d'une tuile ou d'une brique.

II-1. Préparation des pâtes

L'échantillon est séché, broyé puis tamisé au tamis de 0,5 mm de maille. Les poudres sèches sont humidifiées à une teneur en eau propice à la mise en forme (18 %) puis conservées dans un milieu hermétique pendant 8 semaines. Cette conservation favorise l'homogénéisation de l'humidité des pâtes et augmente la plasticité sous l'action des micro-organismes. Le mélange subit ensuite un malaxage prolongé qui favorise le désaérage des pâtes en les rendant plus plastiques et prêtes à modeler.

II-2. Mise en forme des éprouvettes

Comme en briqueterie - tuilerie, les éprouvettes sont élaborées de manière à présenter une masse volumique de la matrice humide de $2g/cm^3$ [3; 37].

Les éprouvettes, de forme cylindrique, sont élaborées par pressage statique sur une machine conventionnelle de traction-compression. La pâte est introduite dans un moule à piston. Le moule est ensuite disposé entre les mors de la machine. Le déplacement du piston du moule comprime la pâte et la rend de plus en plus compacte. Il se crée dans la masse de la matrice une pression qui augmente au fur et à mesure que l'éprouvette se comprime.

La figure 23 donne l'évolution de la pression de compactage en fonction de la variation relative du volume de la matrice.

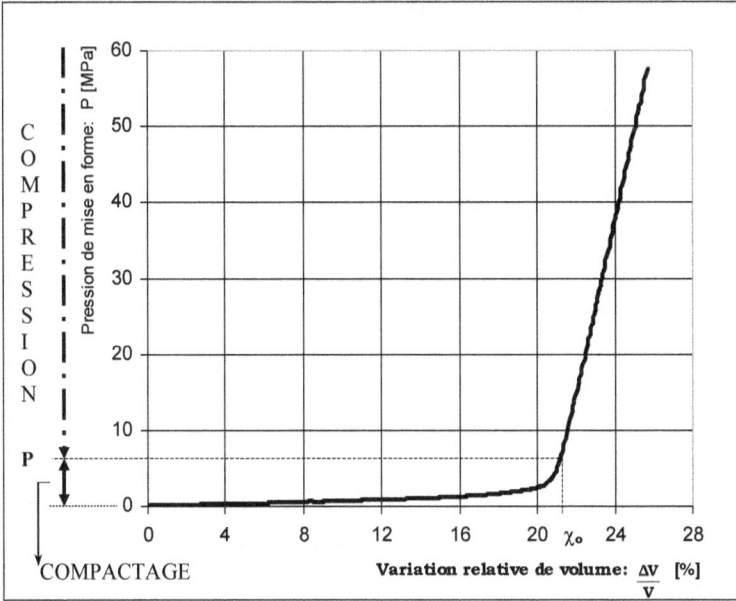

Figure 23 : Courbe de compactage de pâtes d'argiles : évolution de la pression de mise en forme en fonction de la variation relative de volume.

La compression relative χ désigne le rapport de la variation du volume de la matrice par son volume après la compression complète. Cette grandeur permet de comparer les courbes de compactage des pâtes d'argile entre elles, indépendamment de la taille de la matrice. Dans le cas de la compression de pâtes dans un moule rigide, χ équivaut à $\dfrac{\Delta h}{h_o}$. En effet χ est donné par :

$$\chi = \frac{\Delta V}{V} = 2.\frac{\Delta d}{d} + \frac{\Delta h}{h_o} \qquad\qquad \text{Eq. 11}$$

h représente la hauteur de la matrice (variable) et d, le diamètre du moule.

Le moule étant suffisamment rigide, on a :

$$\frac{\Delta d}{d} \approx 0 \quad \text{et par conséquent} \quad \chi = \frac{\Delta h}{h_o} \qquad \text{Eq. 12}$$

La courbe de compactage de pâtes présente deux zones séparées par une valeur limite P_o :

- une zone de compactage pour des pressions inférieures à P_o. Le déplacement axial du piston provoque le tassement de la pâte. Les grains solides s'incrustent dans les interstices et provoquent la fermeture des pores: c'est le compactage. La matrice se déforme de manière plastique et devient de plus en plus compacte. La pente de la courbe augmente alors progressivement jusqu'à une valeur limite P_o. Lorsque la pression atteint la valeur P_o, tous les interstices de la pâte sont fermés et la matrice d'argile se trouve dans un état de compactage maximum.

- une zone de compression pour des pressions supérieures à P_o : Au-delà de l'état de compactage maximum, l'augmentation de la pression ne provoque plus le compactage de la pâte mais occasionne la compression de la matrice. C'est précisément l'eau de façonnage qui subit la compression. La déformation de la matrice devient réversible et la pente de la courbe reste constante. L'inverse de cette valeur de la pente équivaut approximativement au coefficient de compressibilité de l'eau soit 5.10^{-4} bar^{-1}. La matrice subit une décompression (décompression de l'eau de façonnage et de l'air emprisonné dans les interstices) dès qu'on supprime la pression de mise en forme et reprend ses dimensions correspondant à son état à P_o.

II-3. Pression utile de mise en forme

Les mesures effectuées sur les différentes argiles montrent qu'à P_o, la masse volumique des matrices est voisine de 2g/cm^3. L'augmentation de la pression de mise en forme n'engendre qu'une faible variation de la masse volumique en raison de la réversibilité de la déformation de la matrice au-delà de P_o. La pression de mise en forme des tuiles ou briques à partir des argiles étudiées se situe donc entre 8 MPa et 10 MPa. Au-delà de ces valeurs, on est tenté de s'interroger sur l'effet de la détente sur la cohésion interne de la matrice.

Dans ces conditions, les différentes matrices étudiées présentent, après leur mise en œuvre, une masse volumique voisine de la masse volumique recommandée en tuilerie-briqueterie. Le Centre de Développement Industriel (C.D.I) préconise dans " bloc de terre comprimée- choix du matériel de production" [14], une masse volumique fraîche minimale au démoulage de 1,87g/cm^3. Celle qui est conseillée est de 2,2 g/cm^3.

La mise en forme des éprouvettes par pression sous une charge de 8 MPa a permis d'obtenir des matrices dont la masse volumique fraîche varie de 1,94 g/cm^3 à 2,1g/cm^3 suivant les argiles.

La figure 24 montre les éprouvettes des différentes argiles après leur élaboration.

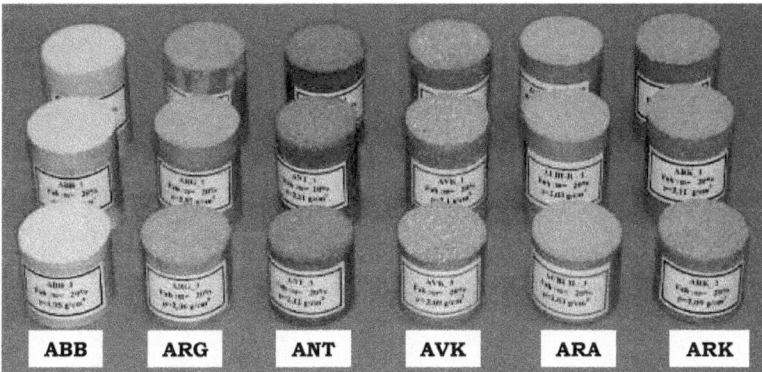

Figure 24 : Photographie des éprouvettes cylindriques en argile après l'élaboration : de gauche à droite: Argile Blanche de Bangéli (ABB); Argile Rouge de Guérin-Kouka (ARG); Argile Noire de Togblékopé (ANT); Argile Verte de Kouvé (AVK); Argile Rouge de Albi (ARA); Argile Rouge de Kouvé (ARK).

III- ETUDE DU SECHAGE D'UNE MATRICE D'ARGILE

III-1. Test de séchage de matrices d'argile

Des tests de séchage ont permis d'établir les courbes de séchage et de retrait de chaque variété d'argile. Une déshydratation lente permet de reproduire les liaisons interparticulaires établies pendant le séchage et de favoriser un retrait homogène et contrôlable. Le dispositif expérimental est constitué d'une balance au $1/100^e$ sur laquelle repose l'éprouvette pendant le séchage et d'un comparateur digital de très faible raideur (figure 25). Une plaquette poreuse intercalée entre la pointe du comparateur et l'éprouvette évite la détérioration de celle-ci sans perturber l'évaporation.

Protocole expérimental : La masse **m(t)** de l'éprouvette est relevée par intervalles de temps réguliers. Un comparateur digital solidaire du support-bâti permet de relever en même temps que la masse, la longueur **L(t)** de l'éprouvette. Un thermomètre permet de contrôler la température de séchage. Celle-ci est maintenue entre 20 et 22°C pendant toute la durée du séchage. L'humidité relative de l'air ambiant du laboratoire est voisine de 80%. Ces mesures sont effectuées jusqu'au moment où la masse et la longueur de l'éprouvette ne varient plus.

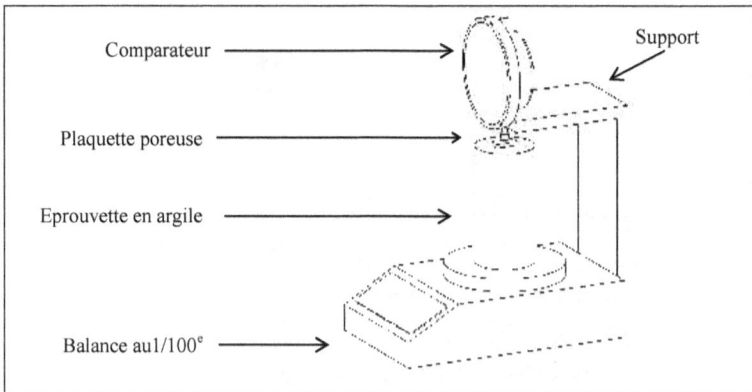

Figure 25 : Dispositif de mesure du retrait et de la variation de la teneur en eau

L'éprouvette se trouve ainsi dans un état d'équilibre hygroscopique avec le milieu ambiant. Elle peut alors être retirée pour une dessiccation complète à l'étuve à 120°C pendant 24 heures en vue de déterminer sa masse anhydre m_o et ses dimensions sèches L_o et D_o.

III-2. Courbes représentatives du séchage

A partir de la mesure de m(t), on établit pour chaque argile l'évolution de la teneur en eau moyenne $\varpi(t)$ de la matrice au cours du séchage. La grandeur $\varpi(t)$ est donnée par l'expression [3; 5; 11; 37; 47] :

$$\varpi(t) = \frac{m(t) - m_o}{m_o} \qquad \text{Eq. 13}$$

La dérivée $d\varpi/dt$ de la teneur en eau moyenne par rapport au temps désigne la perte d'humidité par unité de temps et par unité de matière sèche. C'est la vitesse de séchage.

Résultats expérimentaux : La figure 26 donne les courbes de variation de la teneur en eau des différentes matrices dans les conditions de séchage ci-dessus définies.

Les courbes expérimentales montrent que le séchage des matrices d'argile s'effectue en deux étapes :

- en première étape : l'évaporation s'effectue de manière linéaire en début de séchage. La vitesse de séchage (masse d'humidité évaporée par unité de temps et par gramme de matière sèche) reste quasiment constante. Cette étape correspond à la phase d'intense évaporation des matrices. Les valeurs moyennes des vitesses de séchage maximales sont données à la figure 26. Ces vitesses correspondent à la pente des portions linéaires des courbes $\varpi(t)$. Le signe négatif de la vitesse traduit la perte d'humidité par évaporation. Les vitesses maximales sont comprises entre -10 et -5 mg/min/g pour les argiles étudiées.

La vitesse d'évaporation est plus importante dans la matrice d'Argile Noire de Togblékopé et plus faible dans la matrice d'Argile Rouge de Guérin-Kouka (figure 26).

Cette divergence de comportement des argiles est, selon toutes vraisemblances, liées à leur affinité avec l'humidité et à la texture des matrices de ces argiles.

▪ en deuxième étape : la vitesse d'évaporation décroît progressivement et s'annule. Lorsque $d\varpi(t)/dt$ devient nul, la matrice se trouve dans un état d'équilibre hygroscopique avec l'air de séchage et sa teneur en eau correspond à la teneur en eau d'équilibre notée ϖ_{eq}. Pour évaporer davantage l'humidité du matériau, il faudra élever la température de l'air séchant ou souffler un flux d'air plus sec. La teneur en eau d'équilibre dépend des caractéristiques hygroscopiques de l'air séchant et de l'affinité de l'humidité ambiante avec l'argile considérée. Les valeurs moyennes de ϖ_{eq} relatives aux conditions de séchage définies sont également indiquées à la figure 26. Il en ressort que l'Argile Verte de Kouvé présente une plus importante affinité vis-à-vis de l'humidité de l'air ambiant.

Les courbes expérimentales mettent en relief une particularité du séchage des matrices étudiées. En effet, il est communément admis que le séchage d'une matrice d'argile comporte trois phases [3]. Les courbes de la figure 26 révèlent l'absence de la première phase du séchage. Celle-ci correspond à une croissance progressive de la vitesse de séchage jusqu'à sa valeur maximale. Les deux étapes observées sur les courbes correspondent à la deuxième et la troisième phase du séchage.

Nous pensons que la première phase de séchage n'est pas forcément liée à la nature de la matrice mais aux conditions du séchage. En effet, elle correspond probablement à la montée en température de la matrice, lorsque la température du flux séchant est supérieure à la température ambiante. Dans le cas de la présente expérience, le séchage a été effectué à température ambiante. La matrice et le flux séchant sont à égale température en début du séchage. Le débit d'humidité évaporée reste donc constant dès la mise en séchage de la matrice.

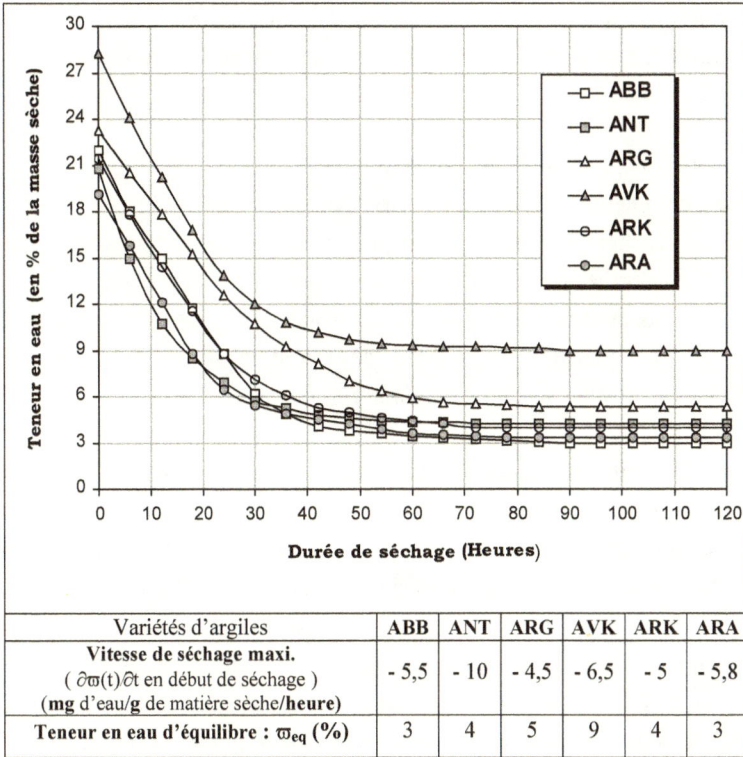

Variétés d'argiles	ABB	ANT	ARG	AVK	ARK	ARA
Vitesse de séchage maxi. ($\partial\varpi(t)/\partial t$ en début de séchage) (**mg** d'eau/g de matière sèche/**heure**)	- 5,5	- 10	- 4,5	- 6,5	- 5	- 5,8
Teneur en eau d'équilibre : ϖ_{eq} (%)	3	4	5	9	4	3

Figure 26 : Courbes de variation de la teneur en eau moyenne pendant le séchage

Remarque : Bien que toutes les pâtes d'argile soient élaborées à une teneur en eau de 18 %, les courbes donnent une teneur en eau initiale $\varpi(0)$ différente et variable suivant l'argile. La différence entre $\varpi(0)$ et la teneur en eau de préparation des pâtes correspond à la teneur en eau d'équilibre de l'argile considérée. En effet, les poudres d'argile sont initialement en équilibre hygroscopique avec l'air ambiant. Elles sont donc chargées d'une humidité correspondant à leur teneur en eau d'équilibre. Cette humidité est prise en compte dans l'expression de $\varpi(t)$ (Equation 13), m_o étant obtenu par étuvage des matrices à 120°C pendant 24 heures.

La courbe de séchage de l'Argile Verte de Kouvé dont la teneur en eau d'équilibre est de 9 % donne par exemple une teneur en eau initiale de 28 %.

III-3. Etude expérimentale du retrait au séchage

Le second phénomène physique survenant dans la matrice argileuse au cours du séchage est le retrait. Lorsqu'il n'est pas maîtrisé, ce phénomène nuit à l'intégrité de la matrice en occasionnant des fissurations et déformations et rend les produits inutilisables. Il s'avère indispensable de connaître au préalable la courbe de retrait d'une argile avant son exploitation en vue d'une meilleure maîtrise de son séchage.

III-3.1. Détermination des courbes représentatives du retrait au séchage : Courbe de Bigot

Tout comme la masse de la matrice, la variation des dimensions de la matrice en cours de séchage peut être représentée en fonction du temps. Mais à la représentation L(t)/Lo est préférée la représentation L(ϖ)/Lo donnant l'évolution de la longueur de la matrice en fonction de sa teneur en eau. En effet, il est plus significatif de représenter la variation des dimensions de la matrice en fonction de sa teneur en eau, le retrait étant dû à l'évaporation de l'humidité. Cette représentation est connue sous le nom de courbes de Bigot [3; 5; 11; 17; 35; 48].

Résultats expérimentaux : Les courbes de la figure 27 représentent les courbes de Bigot des différentes argiles étudiées. La longueur de la matrice est donnée par rapport à la longueur sèche. Les mesures expérimentales ont montré que le retrait transversal est presque identique au retrait longitudinal et les courbes données sont représentatives du retrait suivant les deux directions.

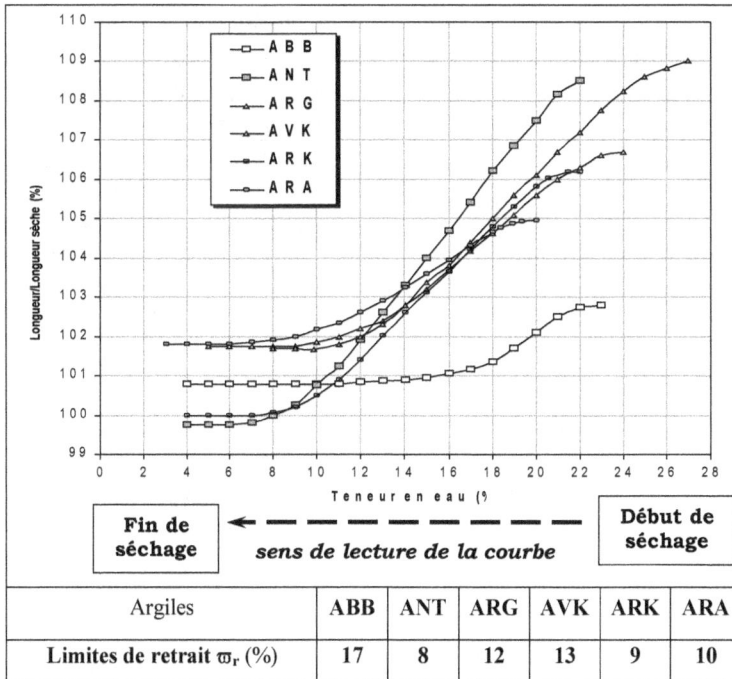

Argiles	ABB	ANT	ARG	AVK	ARK	ARA
Limites de retrait ϖ_r (%)	17	8	12	13	9	10

Figure 27 : Courbes représentatives du retrait au séchage : évolution des dimensions en fonction de la teneur en eau moyenne (Courbes de Bigot)

Les courbes de Bigot permettent de déterminer la limite de retrait ϖ_r d'une argile. Cette limite correspond à l'abscisse du point d'intersection du prolongement de la partie linéaire de la courbe et la tangente à sa partie horizontale (figure 28). Cette valeur est caractéristique de chaque argile. C'est une donnée déterminante dans le séchage de la matrice eu égard aux problèmes techniques que pose cette opération [17; 48]. Les valeurs moyennes de ϖ_r sont données à la figure 27.

L'Argile Noire de Togblékopé et l'Argile Rouge de Guérin-Kouka présentent des limites de retrait assez faibles. Ceci confirme la susceptibilité de la première à la fissuration pendant le séchage; en revanche la seconde ne présente aucune difficulté particulière au séchage.

III-3.2. Mécanisme de retrait : Interprétation des courbes de Bigot

La figure 28 donne l'allure générale d'une courbe de Bigot [3; 17]. Une lecture dans le sens décroissant des teneurs en eau facilite l'interprétation physique des phénomènes d'évaporation et de retrait.

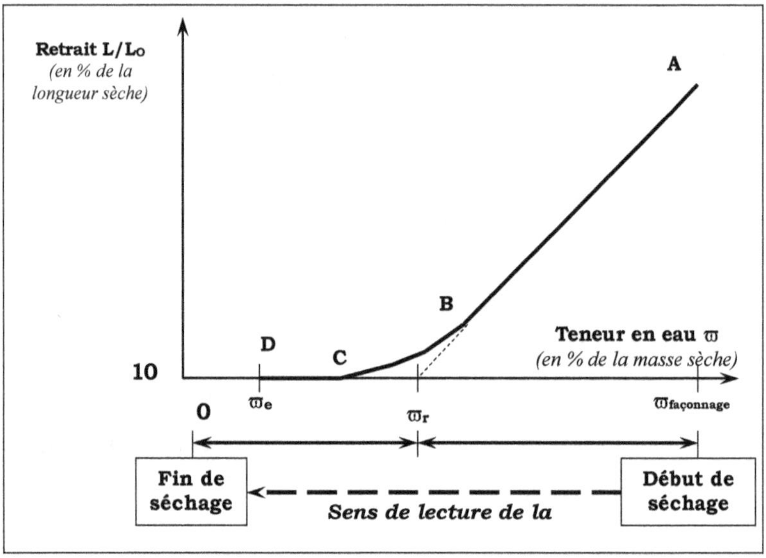

Figure 28: Courbe de Bigot et limite de retrait d'une argile [3; 5; 11; 17; 35]

La variation des dimensions de la matrice au séchage dépend de sa teneur en éléments dégraissants, de son état d'humidité, de la nature minéralogique de l'argile et de son état de compacité. Le séchage fait baisser l'humidité de la matrice de la teneur en eau de façonnage $\varpi_{\text{façonnage}}$ à la teneur en eau d'équilibre hygroscopique ϖ_{eq}. La matrice subit au cours de sa déshydratation les différentes transformations suivantes :

- de $\varpi_{\text{façonnage}}$ à ϖ_r , les dimensions de la matrice décroissent d'abord linéairement (Zone A-B : figure 28). La perte d'humidité par évaporation provoque le rapprochement des particules solides d'argile. Celles-ci occupent le vide créé par l'évaporation de l'humidité.

En effet lorsqu'elles sont humidifiées, les particules argileuses se recouvrent d'une épaisse couche d'eau et se gonflent.

La déshydratation provoque alors le rétrécissement et le resserrement progressifs des particules solides les unes par rapport aux autres. Ce qui se traduit sur le plan macroscopique par la variation linéaire des dimensions de la matrice. Les figures 29-a et 29-b illustrent schématiquement l'état de la matrice et le mécanisme de retrait correspondant à la zone A-B de la courbe de Bigot (figure 28). La variation du volume de la matrice est proportionnelle au volume d'eau évaporée : le retrait s'effectue alors de manière linéaire.

Dans la zone B-C (figure 28), certaines particules solides sont déjà en contact et la variation de dimensions de la matrice se trouve abaissée. La pente de la courbe décroît au fur et à mesure que le nombre de particules en contact augmente et la variation du volume de la matrice n'est donc plus proportionnelle au volume d'eau évaporée. En effet, l'évaporation de l'eau contenue dans les interstices formés par les particules en contact ne provoque plus le rapprochement de celles-ci. L'état de la matrice correspond au schéma de la figure 29-b.

- de ϖ_r à ϖ_{eq} le retrait est presque nul et la pente de la courbe s'annule (Zone C-D : figure 28). La quasi-totalité des particules solides sont en contact et l'évaporation de l'eau interstitielle n'occasionne plus leur resserrement (figure 29-c). Les dimensions de la matrice resteront constantes jusqu'à sa déshydratation complète (figure 29-d).

Mais lorsque les conditions de séchage (Humidité, Température et débit du flux séchant) ne sont pas suffisantes pour une déshydratation complète de la matrice, celle-ci se trouve en fin de séchage dans un état d'équilibre avec le flux séchant. Aucun échange d'humidité entre ces deux milieux n'est donc plus possible et l'humidité de la matrice correspond à sa teneur en eau d'équilibre ϖ_{eq} (figure 29-c). La matrice ne subit aucune variation de volume mais elle est encore susceptible de se rétracter légèrement. Le retrait résiduel n'est possible qu'en augmentant la température de séchage ou en soufflant de l'air sec (figure 29-d).

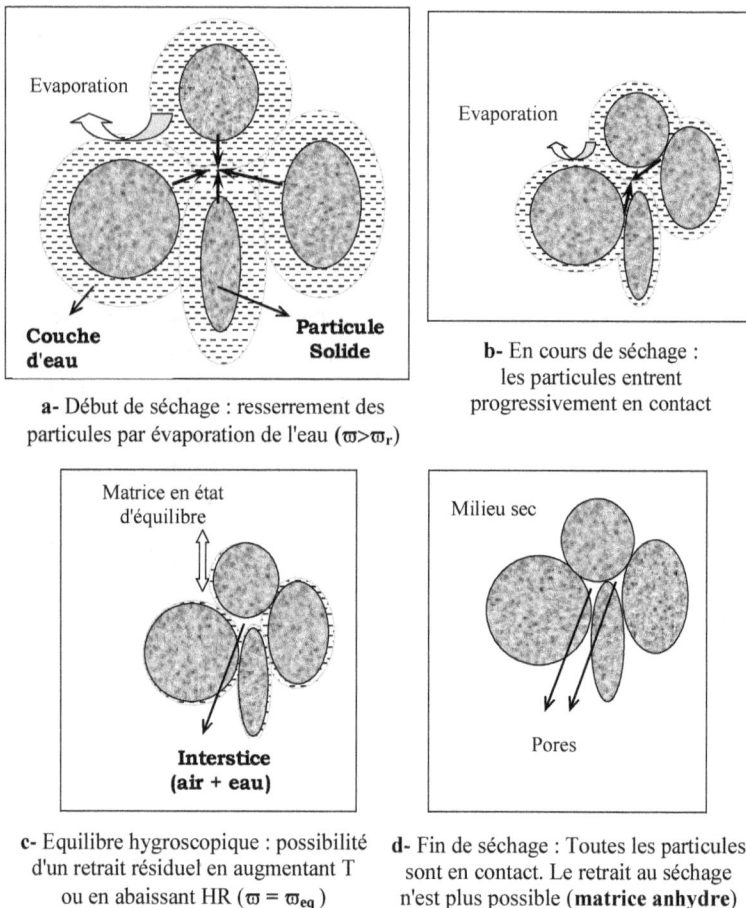

a- Début de séchage : resserrement des particules par évaporation de l'eau ($\varpi > \varpi_r$)

b- En cours de séchage : les particules entrent progressivement en contact

c- Equilibre hygroscopique : possibilité d'un retrait résiduel en augmentant T ou en abaissant HR ($\varpi = \varpi_{eq}$)

d- Fin de séchage : Toutes les particules sont en contact. Le retrait au séchage n'est plus possible (**matrice anhydre**)

Figure 29 : Représentation schématique du mécanisme de retrait d'une matrice d'argile en cours de séchage

Ce cas de figure correspond aux résultats des essais de séchage établis à la figure 27.

Ces courbes montrent que dans les conditions de séchage pré-définies (20°C ≤ T ≤ 22°C et HR≈80%), les matrices étudiées peuvent se rétracter de 2%.

Des essais d'étuvage à 120°C ont montré que le retrait résiduel s'opère de manière progressive et ne présente aucun risque majeur.

Nous recommandons donc, pour nos argiles, une pré-cuisson des matrices à faible température (T ≤ 120°C) avant l'opération de cuisson.

En résumé, au-dessus de leur limite de retrait, les matrices d'argile sont sujettes à la fissuration et à la déformation par évaporation. L'opération de séchage doit être conduite avec précaution. On évitera pour l'essentiel une évaporation trop rapide ou dissymétrique. Le séchage peut s'effectuer dans un nuage de vapeur d'eau en soufflant de l'air chaud et humide afin de réduire la vitesse d'évaporation [3; 9; 17]. Cette précaution est envisageable pour l'Argile Noire de Togblékopé et l'Argile Rouge de Guérin-Kouka dont les limites de retrait sont relativement faibles (figure 27).

Au-dessous de la limite de retrait, le séchage ne présente plus de risques majeurs et l'opération est conduite en soufflant de l'air sec et chaud. Une pré-cuisson à faible température favorise le retrait résiduel et prépare la matrice à une cuisson intensive. Les différentes précautions décrites ont suffi pour anticiper sur la fissuration et la déformation des matrices des argiles étudiées. Mais dans un cas général, lorsqu'une argile est très gonflante, elle subit des déformations et fissurations plus importantes auxquelles le fabricant remédiera en ajoutant à la pâte, des éléments dégraissants (chamotte broyée, sable fin, etc.) [7; 11; 12].

Toutes ces approches, plus ou moins efficaces aussi bien les unes que les autres, sont autant de solutions auxquelles on fera recours en tenant compte de la nature des pâtes et des difficultés de mise en forme qu'elles peuvent présenter.

III-4. Evolution de la densité de la matrice au cours du séchage

III-4.1. Evolution de la masse volumique de la matrice d'argile en fonction de la teneur en eau moyenne

La densité d'une structure en argile indique son état de consistance. L'évolution de la masse volumique de la matrice d'argile en cours de séchage est due à l'effet conjugué de l'évaporation et du retrait. Ces deux phénomènes ont des effets inverses sur la masse volumique : la perte d'humidité par évaporation tend à abaisser la masse volumique, en revanche le rétrécissement du volume de la matrice tend à l'augmenter.

La densité de la matrice suit l'évolution que lui impose le phénomène dominant. Les courbes expérimentales de l'évolution de la densité des matrices en fonction de la teneur en eau présentent la même allure que celles recensées dans la littérature [3; 6].

Résultats expérimentaux : La figure 30 présente les courbes d'évolution de la masse volumique des différentes matrices en fonction de leur teneur en eau moyenne.

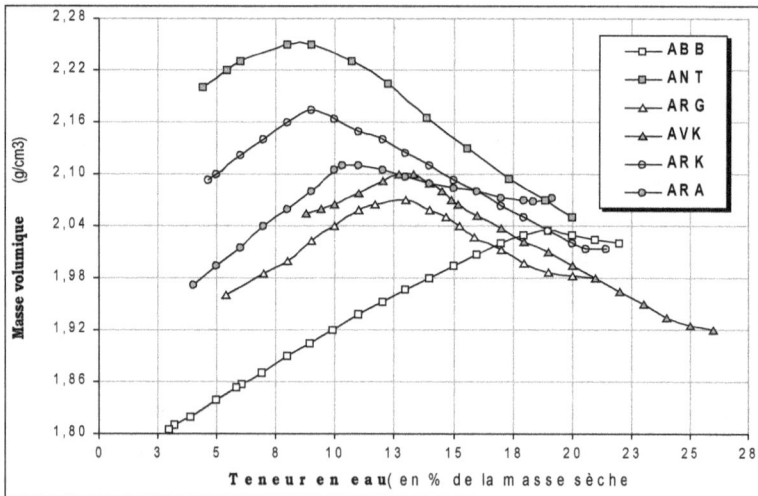

Figure 30 : Evolution de la masse volumique des matrices en fonction de leur teneur en eau pendant le séchage

III-4.2. Interprétation des courbes d'évolution de la masse volumique

L'évolution de la masse volumique de la matrice en cours de séchage s'explique comme suit :

▪ au-dessus de la limite de plasticité ϖ_p, la diminution du volume de la matrice tend à augmenter la masse volumique tandis que la perte de masse par évaporation tend à l'abaisser. Le vide créé par l'eau évaporée est occupé par les particules solides d'argile de densité plus importante et la masse volumique de l'ensemble de la matrice tend à croître. Son expression est donnée par la relation [3] :

$$\rho(\varpi) = \frac{1 + \varpi}{\dfrac{\varpi}{\rho_{eau}} + \dfrac{1}{\rho_a}} \qquad \text{pour } \varpi_p < \varpi < \varpi_{façonnage} \qquad \text{Eq. 14}$$

ρ_a désigne la masse volumique absolue du matériau (voir tableau 4) et ρ_{eau} la masse volumique de l'eau.

▪ au-dessous de la limite de retrait ϖ_r, la matrice subit l'évaporation sans variation de volume. La masse volumique de la structure décroît linéairement avec l'évaporation. Son expression est donnée par [3] :

$$\rho(\varpi) = \rho_o(1 + \varpi) \qquad \text{pour } \varpi < \varpi_r \qquad \text{Eq.15}$$

ρ_o désigne la masse volumique apparente de la matrice sèche.

▪ entre ϖ_r et ϖ_p, la matrice n'étant plus dans un état plastique, l'air s'introduit dans les interstices par suite de l'évaporation de l'humidité et la masse volumique réelle de la matrice devient inférieure à celle donnée par l'équation 14.

Tout comme le retrait, l'évolution de la masse volumique de la matrice pendant le séchage s'explique par le mécanisme d'évaporation et de resserrement progressif des particules solides.

III-4.3. Simulation de la densification des matrices au cours du séchage

Les expressions mathématiques donnant la variation de la masse volumique de la matrice au cours de séchage sont fonctions de la masse volumique absolue ρ_a des particules argileuses et de la masse volumique apparente ρ_o de la matrice sèche. Les masses volumiques apparentes des matrices ayant subi le test de séchage ont été déterminées en suivant la procédure du § I-2 du chapitre III. Connaissant les masses volumiques absolues (tableau 4) et apparentes (tableau 16) des différentes matrices, les équations donnant l'évolution de la densité au cours du séchage peuvent être entièrement définies. Celles-ci sont mentionnées dans le tableau 12.

Tableau 12 : Expression de la masse volumique des matrices en cours de séchage

Variétés d'argile	Expression de $\rho(\varpi)$ (g/cm^3)		
Argile Blanche de Bangéli	$1,75(1+\varpi)$	pour $\varpi \leq 17\%$	Eq. 16
	$(1+\varpi)/(0,386+\varpi)$	pour $\varpi > 17\%$	Eq. 17
Argile Noire de Togblékopé	$2,1(1+\varpi)$	pour $\varpi \leq 8\%$	Eq. 18
	$(1+\varpi)/(0,395+\varpi)$	pour $\varpi > 8\%$	Eq. 19
Argile Rouge de Guérin-Kouka	$1,85(1+\varpi)$	pour $\varpi \leq 12\%$	Eq. 20
	$(1+\varpi)/(0,382+\varpi)$	pour $\varpi > 12\%$	Eq. 21
Argile Verte de Kouvé	$1,87(1+\varpi)$	pour $\varpi \leq 13\%$	Eq. 22
	$(1+\varpi)/(0,417+\varpi)$	pour $\varpi > 13\%$	Eq. 23
Argile Rouge de Kouvé	$2(1+\varpi)$	pour $\varpi \leq 9\%$	Eq. 24
	$(1+\varpi)/(0,4+\varpi)$	pour $\varpi > 9\%$	Eq. 24
Argile Rouge d'Albi-2	$1,9(1+\varpi)$	pour $\varpi \leq 10\%$	Eq. 25
	$(1+\varpi)/(0,4+\varpi)$	pour $\varpi > 10\%$	Eq. 26

Résultats de la simulation : Les courbes expérimentales et de simulation de la variation de la masse volumique des matrices au cours du séchage sont données sur les figures 31.

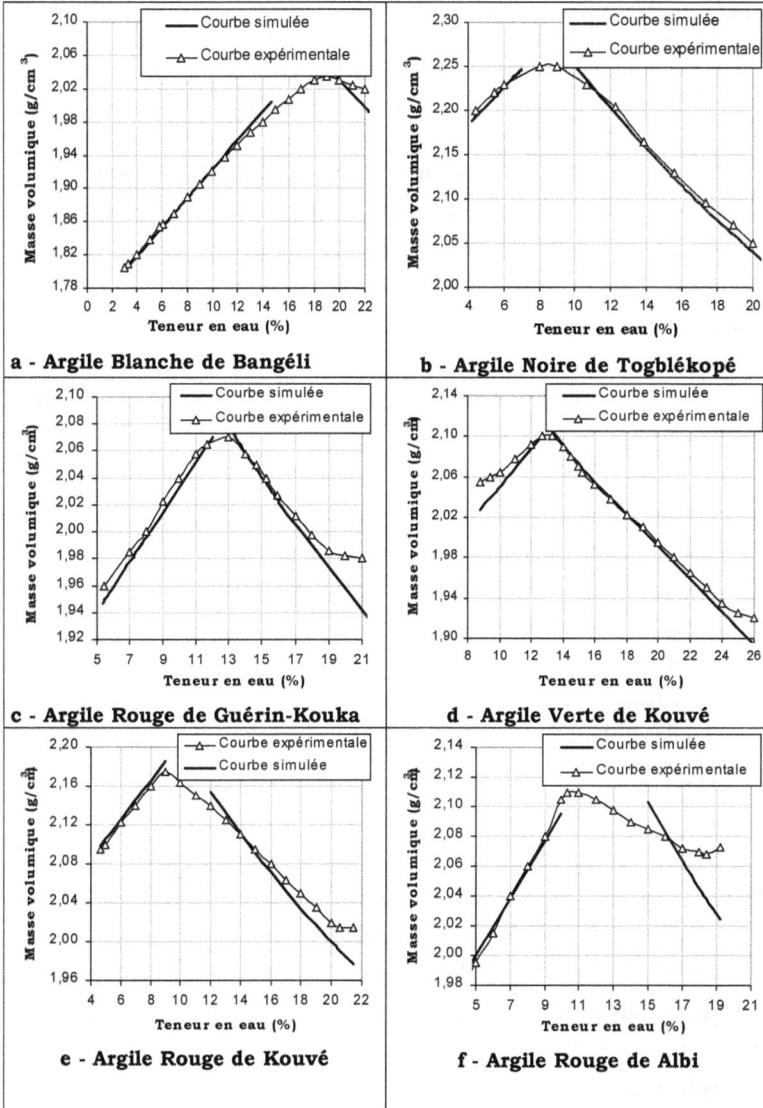

Figure 31 : Evolution de la masse volumique au cours du séchage :
Superposition des courbes expérimentales et des courbes simulées par
variété d'argile

Les courbes simulées se superposent aux courbes expérimentales mais on remarque un léger décalage entre ces courbes au début du séchage. Ce décalage proviendrait de la mise en température des échantillons, le modèle de simulation ne tenant pas compte de la variation du facteur température. Ce décalage induit une erreur maximale de 4% (figure 31-f).

Remarquons que la masse volumique de la matrice d'Argile Rouge de Albi (figure 31-f) croît moins vite en début du séchage comparativement à la prévision de la simulation. Ce décalage provient des perturbations occasionnées par la variation des paramètres de séchage (température et humidité du flux séchant).

IV- MODELISATION DE LA MIGRATION DE L'HUMIDITE DANS LA MATRICE D'ARGILE

Au cours du séchage d'une matrice d'argile, l'évaporation de l'humidité s'effectue par un mécanisme de migration due au gradient de teneur en eau. Une migration dissymétrique occasionne un retrait dissymétrique qui engendre dans la matrice des contraintes internes et des déformations plus ou moins importantes. Au-delà d'un certain seuil, ces défauts rendent les produits fabriqués inutilisables. Une modélisation du mécanisme de migration de l'humidité permettra d'optimiser cette opération complexe qu'est le séchage.

Dans la mise en œuvre des produits en argile, le séchage des tuiles présente d'importantes difficultés en raison des contraintes de forme et de défauts très peu tolérées (planéité et obliquité des surfaces, brèches, fissures, fendillements, crevasses, écorchures, etc.).

Au cours de l'élaboration des différentes éprouvettes de test, le séchage des éprouvettes sous forme de plaque plane a révélé une difficulté particulière. Elles sont très sensibles aux déformations par courbure lors du séchage. La modélisation du séchage d'une plaque en argile permet donc de faire face au cas le plus défavorable.

IV-1. Migration de l'humidité par diffusion

IV-1.1. Modes de migration de l'humidité

Il existe plusieurs modes de transport de l'humidité à travers une paroi poreuse. Ce sont la migration par diffusion, par capillarité, par gradient de pression, par action des forces centrifuges ou par gravité [3].

Mais la migration par diffusion et par capillarité sont les modes de migration les plus importants. Beaucoup d'auteurs parmi lesquels Sherwood [49], Newmann et Lewis [50] négligent la migration capillaire devant le mode de migration par diffusion. Celui-ci reste le principal mécanisme de migration de l'eau dans un corps poreux en cours de séchage.

IV-1.2. Un modèle diffusif pour le séchage d'une matrice d'argile

Un modèle diffusif est représentatif du mouvement de l'eau dans l'épaisseur de la matrice et nécessite moins de coefficients ou de lois expérimentales.

Remarquons qu'il existe une étroite analogie entre la conduction thermique et la diffusion de l'humidité. En effet, tout comme le gradient de température dans les transferts de chaleur, le gradient de concentration en eau est le moteur de diffusion de l'humidité. Le liquide va des points les plus concentrés vers les moins concentrés. Par cette analogie Fick adapte sous certaines conditions les équations mathématiques de la conduction thermique à la diffusion de l'humidité : ce sont les lois de la diffusion ou lois de Fick.

IV-2. Lois de la diffusion

IV-2.1. Première loi de Fick : densité de flux de matière diffusante

Lorsque l'eau est sans interaction avec le milieu diffusif et ne subit l'effet d'aucune force extérieure (cas des électrolytes) la diffusion obéit à la théorie de Fick.

Dans ces conditions, la première loi de Fick stipule que la densité de flux, définie comme étant la quantité de matière diffusante passant à travers l'unité de surface pendant l'unité de temps, est proportionnelle au gradient de concentration en eau. Le coefficient de proportionnalité entre la densité de flux et le gradient de concentration en eau est le coefficient de diffusion noté D_{ij}. Dans un cas général, cette loi s'exprime par l'expression [47; 51] :

$$
\begin{cases}
\Phi_1 = -\left[D_{11}\dfrac{\partial\omega}{\partial x_1} + D_{12}\dfrac{\partial\omega}{\partial x_2} + D_{13}\dfrac{\partial\omega}{\partial x_3} \cdot \right] \\[2mm]
\Phi_2 = -\left[D_{21}\dfrac{\partial\omega}{\partial x_1} + D_{22}\dfrac{\partial\omega}{\partial x_2} + D_{23}\dfrac{\partial\omega}{\partial x_3} \right] \\[2mm]
\Phi_3 = -\left[D_{31}\dfrac{\partial\omega}{\partial x_1} + D_{32}\dfrac{\partial\omega}{\partial x_2} + D_{33}\dfrac{\partial\omega}{\partial x_3} \right]
\end{cases}
\qquad \text{Eq. 27}
$$

Φ_i désigne la densité de flux suivant la direction x_i, D_{ij} le coefficient de diffusion en m^2/s, $\omega(x_1, x_2, x_3, t)$ la concentration ou teneur en eau en un point $S(x_1; x_2; x_3)$ de la matrice à l'instant t et x_j la variable spatiale.

Le signe négatif dans chacune de ces expressions traduit le fait que la diffusion s'effectue dans le sens opposé au sens d'augmentation de la teneur en eau dans la matrice.

Dans un milieu isotrope, la densité de flux d'humidité diffusante s'écrit de manière simplifiée [47; 50] :

$$
\Phi = -D\left[\frac{\partial\omega}{\partial x_1} + \frac{\partial\omega}{\partial x_2} + \frac{\partial\omega}{\partial x_3} \right]
\qquad \text{Eq. 28}
$$

Les différentes transformations de la pâte d'argile rendent la matrice très homogène et celle-ci peut être considérée comme isotrope.

Dans le cas du séchage d'une plaque plane, l'évaporation s'effectue suivant les faces. Le séchage est donc unidirectionnel et s'effectue suivant l'épaisseur x_3 (figure 32). La première loi de Fick s'écrit alors sous une forme simplifiée, bien souvent rencontrée chez la plupart des auteurs [3; 47; 51; 52; 53; 54].

$$
\Phi = -D\frac{\partial\omega}{\partial x_3}
\qquad \text{Eq. 29}
$$

IV-2.2. Deuxième loi de Fick : équation fondamentale de la diffusion.

Soit $S(x_1,x_2,x_3)$, un point situé au centre d'un élément de matrice de volume élémentaire $dx_1.dx_2.dx_3$ et soit $\omega(x_1,x_2,x_3,t)$ la teneur en eau en ce point à un instant t donné

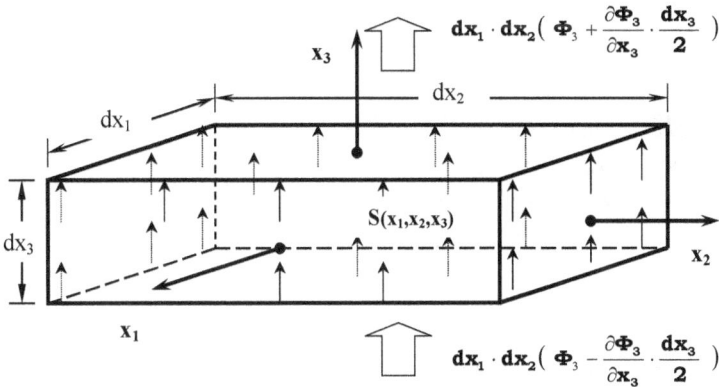

Figure 32 : Diffusion de l'eau dans un élément de volume $dx_1.dx_2.dx_3$ [3; 51].

Considérons le flux d'humidité diffusant suivant l'axe x_3. La quantité d'humidité entrant dans l'élément de volume par sa face inférieure vaut :

$$dx_1 \cdot dx_2 \left(\Phi_3 - \frac{\partial \Phi_3}{\partial x_3} \cdot \frac{dx_3}{2} \right)$$
Eq. 30

et la quantité qui en sort par la face supérieure vaut :

$$dx_1 \cdot dx_2 \left(\Phi_3 + \frac{\partial \Phi_3}{\partial x_3} \cdot \frac{dx_3}{2} \right)$$
Eq. 31

La quantité d'humidité diffusant suivant la direction x_3 et qui s'accumule dans l'élément de volume équivaut à la différence entre le flux entrant et le flux sortant, soit :

$$q_3 = -dx_1.dx_2.dx_3.\frac{\partial \Phi_3}{\partial x_3}$$
Eq. 32

Les quantités d'humidité correspondant à la diffusion suivant x_1 et x_2 sont respectivement données par :

$$q_1 = -dx_1.dx_2.dx_3.\frac{\partial \Phi_1}{\partial x_1} \quad \text{et} \quad q_2 = -dx_1.dx_2.dx_3.\frac{\partial \Phi_2}{\partial x_2}$$
Eq. 33

La quantité totale d'humidité accumulée à l'intérieur de l'élément de volume équivaut à la somme des quantités q_i, soit :

$$Q = -dx_1.dx_2.dx_3.\left(\frac{\partial \Phi_1}{\partial x_1} + \frac{\partial \Phi_2}{\partial x_2} + \frac{\partial \Phi_3}{\partial x_3} \right) \qquad \text{Eq. 34}$$

Par ailleurs, l'accroissement de la quantité d'humidité dans l'élément de volume vaut

$$Q' = dx_1.dx_2.dx_3.\frac{\partial \omega}{\partial t} \qquad \text{Eq. 35}$$

L'égalité des quantités Q et Q' donne l'équation :

$$\frac{\partial \omega}{\partial t} + \frac{\partial \Phi_1}{\partial x_1} + \frac{\partial \Phi_2}{\partial x_2} + \frac{\partial \Phi_3}{\partial x_3} = 0 \qquad \text{Eq. 36}$$

Les densités de flux Φ_i sont données par la première loi de Fick et on peut alors écrire

$$\frac{\partial \omega}{\partial t} = \frac{\partial}{\partial x_1}\left(D_1.\frac{\partial \omega}{\partial x_1} \right) + \frac{\partial}{\partial x_2}\left(D_2.\frac{\partial \omega}{\partial x_2} \right) + \frac{\partial}{\partial x_3}\left(D_3.\frac{\partial \omega}{\partial x_3} \right) \qquad \text{Eq. 37}$$

C'est la deuxième loi de Fick.

En milieu isotrope, les coefficients de diffusion D_i sont identiques dans toutes les directions et lorsqu'ils sont constants, l'équation précédente devient [47; 51] :

$$\frac{\partial \omega}{\partial t} = D\left(\frac{\partial^2 \omega}{\partial x_1^2} + \frac{\partial^2 \omega}{\partial x_2^2} + \frac{\partial^2 \omega}{\partial x_3^2} \right) \qquad \text{Eq. 38}$$

Comme précédemment, si la diffusion est en plus unidirectionnelle et s'effectue suivant l'épaisseur par exemple (figure 32), la deuxième loi de Fick s'écrit sous la forme [3; 47; 51; 52; 53; 54; 55] :

$$\frac{\partial \omega}{\partial t} = D.\frac{\partial^2 \omega}{\partial x_3^2} \qquad \text{Eq. 39}$$

IV-2.3. Résolution de la deuxième loi de Fick : Cas d'une plaque plane

Le cas précis de la diffusion de l'humidité dans une plaque est traduit par l'équation différentielle de la deuxième loi de Fick (équation 39). Plusieurs méthodes dont la transformation de Laplace permettent de résoudre cette équation et les solutions dépendent des conditions initiales et aux limites. J. Crank [51] propose les solutions pour différents cas de figures.

Nous adopterons le cas de figure du séchage d'une tuile en supposant que la teneur en eau initiale de la plaque d'argile est uniforme à l'instant initial t égal à 0 et que la teneur en eau sur les faces de la plaque reste constante au cours du temps (figure 33).

Les conditions initiales et aux limites (figure 33) s'expriment alors par :

$\omega(x_3, t) = \varpi_i$ pour $-e < x_3 < +e$ et $t \leq 0$ Eq. 40

$\omega(x_3, t) = \varpi_{eq}$ pour $x_3 = \pm e$ et $t > 0$ Eq. 41

La solution donnant la valeur de la teneur en eau à chaque point de la plaque et à chaque instant est exprimée par l'expression [3; 47; 51] :

$$\frac{\omega(x_3, t) - \varpi_{eq}}{\varpi_i - \varpi_{eq}} = \frac{4}{\pi} \sum_{k=0}^{\infty} \frac{(-1)^k}{(2k+1)} \cdot \mathbf{Cos}\left(\frac{(2k+1).\pi}{2.e} x_3\right) \cdot \mathbf{Exp}\left(-\frac{(2k+1)^2 \pi^2}{4.e^2}.D.t\right)$$

Eq.42

$\forall \ x_3 \in [-e, +e]$ et $\forall \ t \geq 0$.

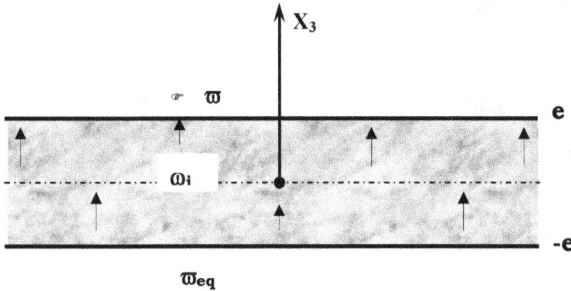

Figure 33 : Conditions aux limites d'une plaque plane

Il résulte de cette expression que la teneur en eau en un point de la plaque dépend non seulement de la durée de diffusion mais aussi de sa position par rapport aux faces libres.

A partir de l'expression de $\omega(x_3, t)$, on déduit à chaque instant t la proportion d'humidité que contient l'ensemble de la matrice, c'est-à-dire la teneur en eau moyenne $\varpi(t)$. Son expression est donnée par :

$$\varpi(t) = \frac{1}{2e} \int_{-e}^{e} \omega(x_3, t) dx_3 \qquad \text{Eq. 43}$$

$$\text{Soit :} \quad \frac{\varpi(t) - \varpi_{eq}}{\varpi_i - \varpi_{eq}} = \frac{8}{\pi^2} \sum_{k=0}^{\infty} \frac{1}{(2k+1)^2} \cdot \mathbf{Exp}\left(-\frac{(2k+1)^2 \pi^2}{4.e^2} . D \cdot t \right) \quad \forall \ t \geq 0. \quad \text{Eq. 44}$$

La teneur en eau moyenne $\varpi(t)$ est déterminée expérimentalement par étuvage de la matrice. Cette valeur globale ne rend pas compte de la répartition de la teneur en eau $\omega(x_3; t)$ dans l'épaisseur de la matrice.

Remarquons que l'équation 44 vérifie bien la condition initiale :

$$\varpi(0) = \varpi_i \quad \text{car} \quad \sum_{k=0}^{\infty} \frac{1}{(2k+1)^2} = \frac{\pi^2}{8} \qquad \text{Eq. 45}$$

Remarquons également que le coefficient de diffusion supposé constant dans la résolution des équations précédentes est en fait dépendant de la teneur en eau et de la température ou uniquement de la température suivant la loi d'Arrhénus [3; 47; 52; 53; 54] :

$$D = D_o \exp\left(-\frac{E}{RT} \right) \qquad \text{Eq. 46}$$

D_0 désigne le coefficient de diffusion à T nul (en m^2/s), E, l'énergie d'activation (J/mol ou cal/mol), R, la constante des gaz parfaits (8,31J/mol.K ou 1,987 cal./mol.K) et T, la température absolue (en °K).

L'hypothèse d'un coefficient de diffusion constant se justifie par le fait que le séchage s'effectue à des températures relativement faibles et presque constantes.

IV-3. Simulation de la diffusion de l'humidité dans une matrice d'argile
IV-3.1. Détermination du coefficient de diffusion D
IV-3.1.1 Approche expérimentale
Il existe plusieurs expériences permettant de déterminer le coefficient de diffusion des matériaux. Ces expériences regroupent les essais en régime de

diffusion permanente et des essais en régime de diffusion instationnaire. Le premier type porte sur des essais pratiques.

L'une de ces méthodes consiste à placer un échantillon entre deux atmosphères d'humidités différentes. Le coefficient de diffusion est déduit de la loi de Fick lorsque le régime de diffusion d'humidité dans l'éprouvette devient permanent [3].

L'autre méthode de détermination du coefficient D est celle utilisée par KEEY en 1975 [56]. L'extrémité de l'éprouvette cylindrique est en contact avec un écoulement d'air possédant des caractéristiques (humidité, température, débit...) constantes. L'autre extrémité communique avec un réservoir rempli d'eau. Lorsque le débit d'eau devient constant dans l'éprouvette, le régime diffusif stationnaire est établi et le coefficient de diffusion D est déduit à partir de la première loi de Fick.

L'ordre de grandeur du coefficient de diffusion déterminé par Evans et Keey [56] sur l'argile de Hyde et Collard [3] sur des plaques en argile, est de 10^{-9} m^2/s.

IV-3.1.2 Identification du coefficient D.

Les essais de détermination expérimentale du coefficient de diffusion menés sur les différentes matrices ont donné des résultats très dispersifs en raison de la grande sensibilité de cette opération.

Néanmoins, une valeur approchée de cette grandeur peut être déterminée par identification à partir de l'expression mathématique de la teneur en eau moyenne de la matrice (équation 44) et des résultats expérimentaux donnant l'évolution de la teneur en eau moyenne de la matrice au cours de séchage (figure 26).

La teneur en eau moyenne de la matrice étant connue à chaque instant du séchage, D est déterminé en résolvant l'équation suivante :

pour $t = t_0$, on a : $\varpi(t_0) = \varpi_0$, soit :

$$\varpi_0 = \varpi_{eq} + \frac{8}{\pi^2}(\varpi_i - \varpi_{eq})\sum_{k=0}^{50}\frac{1}{(2k+1)^2}\mathbf{Exp}\left(-\frac{(2k+1)^2\pi^2 \cdot t_0}{4.e^2} \cdot \mathbf{D}\right) \qquad \text{Eq. 47}$$

$\varpi(t_0)$ est donné par l'expression de $\varpi(t)$ réduite aux 51 premiers termes de la somme $(0 \le k \le 50)$ et ϖ_0 par les courbes expérimentales de la figure 26. Cette équation donne une valeur de D, fonction de l'instant t_0 considéré. La valeur de D est néanmoins identique pour toutes les argiles pour un t_0 donné. La valeur du coefficient D est influencée par le régime de diffusion de la matrice. Le tableau 13 donne le coefficient de diffusion déterminé pour un t_0 en régime de diffusion transitoire et en régime de diffusion permanent.

Tableau 13 : Coefficient de diffusion des matrices d'argile en régime de diffusion transitoire et permanent

Régime de diffusion :	Coefficient de diffusion D
transitoire (en début de séchage)	10^{-9} m^2/s
permanent	10^{-10} m^2/s

Ces valeurs sont donc très proches de celles rencontrées à dans la littérature [3; 56].

IV-3.2. Application au séchage d'une tuile plate

IV-3.2.1 Evolution de l'humidité dans la masse d'une tuile en cours de séchage

La valeur approchée de la teneur en eau à chaque point de la matrice et à chaque instant du séchage est donnée par l'expression de $\omega(x_3,t)$ (équation 42) réduite aux 51 premiers termes de la somme. La simulation du séchage est appliquée à une plaque de 10 mm d'épaisseur en Argile Rouge de Guérin-Kouka.

On a alors :
$$\begin{cases} \varpi_i = \mathbf{23\%} \\ \varpi_{eq} = \mathbf{5\%} \\ e = \mathbf{5mm} \end{cases}$$
Eq. 48

$$\omega(x_3,t) = 5 + \frac{72}{\pi} \sum_{k=0}^{50} \frac{(-1)^k}{(2k+1)} \cdot \mathbf{Cos}\left(\frac{(2k+1).\pi}{10} x_3\right) \cdot \mathbf{Exp}\left(-10^{-6}.\pi^2.(2k+1)^2 \cdot t\right)$$
Eq. 49

$\forall\ x_3 \in [-5; 5]$ et $\forall\ t \ge 0$, avec $\omega(x_3,t)$ en %; x_3 en mm et t en secondes.

La figure 34 donne l'évolution de la teneur en eau toutes les 5 minutes pendant les 55 premières minutes du séchage et toutes les 1 heures pendant les 10 premières heures.

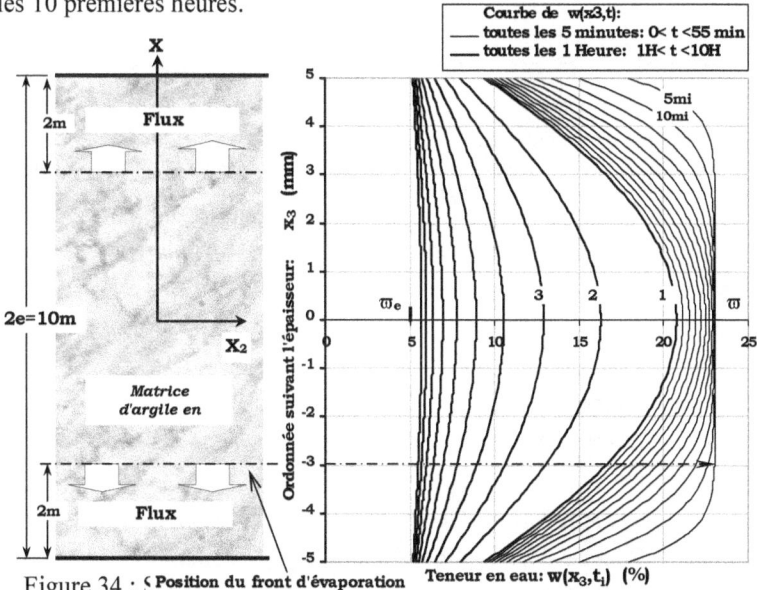

Figure 34 : Argile Rouge de Guérin-Kouka : Évolution de la teneur en eau dans l'épaisseur de la plaque toutes les 5min et toutes les 1heure.

L'échange d'humidité entre la matrice et le flux séchant s'effectue par les faces. Le front d'évaporation progresse donc des faces vers le cœur de la plaque. Au bout des 5 premières minutes, le front se situe à 2 mm de chaque face, le cœur de la matrice étant toujours à la teneur en eau initiale. L'évaporation atteindra le cœur de la matrice au bout d'une demi-heure. La figure 34 montre également que l'équilibre d'échange d'humidité entre le milieu séchant et la matrice ne s'établira qu'au bout de 30 à 40 heures. La matrice présente à cet équilibre une teneur en eau uniforme et constante appelée teneur en eau d'équilibre.

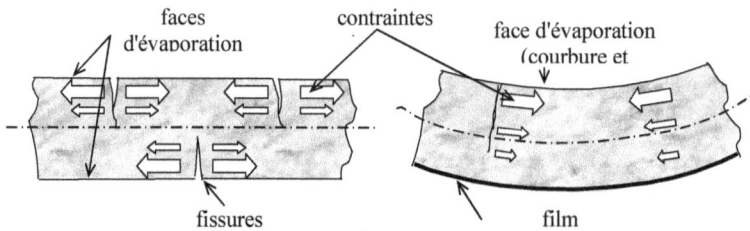

a - **Séchage symétrique** : les contraintes internes sont plus importantes des faces vers le cœur de

b - **Séchage dissymétrique** : répartition dissymétrique des contraintes internes dans une plaque dont l'une des faces est rendue imperméable: courbure du côté de la face

Figure 35 : Schémas montrant l'inégale répartition des contraintes internes due à une inégale répartition de la teneur en eau dans l'épaisseur d'une plaque en cours de séchage.

L'allure des courbes montre que la déshydratation croît des faces vers le cœur de la matrice. Cette inégale évaporation présente deux conséquences fondamentales :

▪ elle provoque la fissuration des faces de la plaque ou de la tuile au cours du séchage. Comme déjà expliqué plus loin, l'évaporation de l'humidité provoque le retrait de la matrice par rapprochement des particules solides. Le retrait de la plaque en cours de séchage est donc de plus en plus important des faces vers le cœur de la matrice, ce qui engendre corrélativement des contraintes et des tensions internes plus importantes des faces vers le cœur de la matrice (figure 35-a). L'inégale répartition des contraintes et tensions internes dans l'épaisseur de la plaque sont à l'origine de la fissuration des faces [3; 57; 58], comme le montre la figure 35-a.

Le séchage des tuiles dans un nuage de vapeur ou en milieu semi-hermétique permet de réduire l'inégale évaporation de la matrice en limitant la vitesse d'évaporation.

▪ lorsque les faces ne sont pas exposées de manière identique au flux séchant, l'évaporation engendre un retrait dissymétrique et une inégale répartition de la tension interne sur les deux faces. Cette dissymétrie provoque la courbure de la plaque. La concavité se présente du côté de la face la plus exposée en raison de son plus important retrait, c'est-à-dire de la tension superficielle sur cette face. Ce phénomène a été observé en séchant une plaque dont l'une des faces a été couverte d'un film imperméable [3] (figure 35-b).

IV-3.2.2 Teneur en eau moyenne

Comme précédemment, la teneur en eau moyenne de la matrice à chaque instant du séchage est donnée par l'expression de $\varpi(t)$ (équation 44) réduite aux 51 premiers termes de la somme.

$$\varpi(t) = 5 + \frac{144}{\pi^2} \sum_{k=0}^{50} \frac{1}{(2k+1)^2} Exp\left(-10^{-6}.\pi^2.(2k+1)^2.t\right) \quad \forall\, t \geq 0. \quad \text{Eq. 50}$$

avec $\varpi(t)$ en % et t en secondes.

La figure 36 montre la superposition d'une courbe expérimentale et d'une courbe simulée donnant la teneur en eau moyenne de la plaque en Argile Rouge de Guérin-Kouka.

L'erreur maximale commise sur la teneur en eau moyenne donnée par simulation est de l'ordre de 14 %. L'importance de cette erreur provient de la variation du coefficient de diffusion en fonction du temps. Celui-ci est supposé constant dans l'équation de simulation. Néanmoins, la courbe expérimentale et la courbe simulée sont, de manière globale, très proches l'une de l'autre. Cette coïncidence permet de valider la valeur du coefficient de diffusion obtenue par identification.

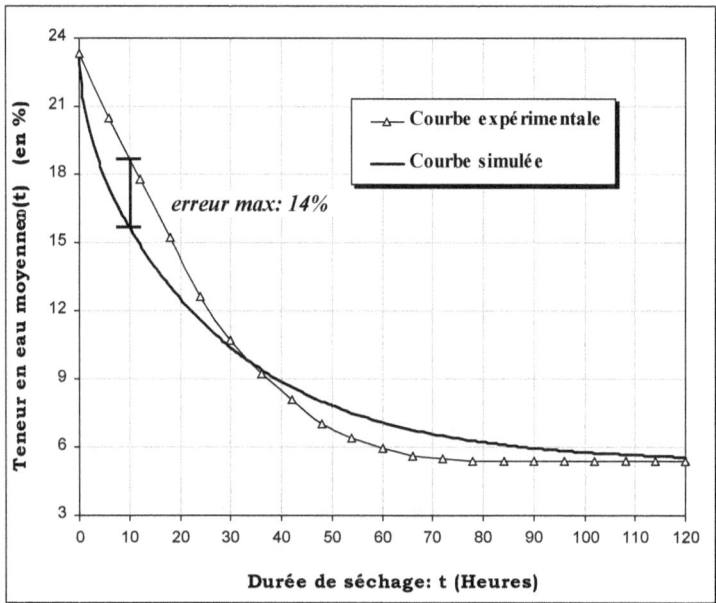

Figure 36 : Superposition de la courbe expérimentale et de la courbe
simulée donnant la teneur en eau moyenne de la plaque (en Argile Rouge
de Guérin-Kouka) au cours du séchage

V- SYNTHESE ET APPLICATION DES RESULTATS A L'ELABORATION DES TUILES ET BRIQUES

L'évaporation de l'humidité des matrices d'argile au cours du séchage
s'accompagne d'un mouvement relatif de particules solides. Ce mouvement
des particules est à l'origine de déformations et de fissurations engendrant
d'importants rebuts. Au cours du séchage, le risque est plus important
lorsque l'humidité de la matrice est encore au-dessus de la limite de retrait
de l'argile considérée et lorsque l'évaporation est dissymétrique. Le
séchage dissymétrique de plaques en argile par exemple (cas des tuiles
plates, carreaux, etc.), engendre leur courbure. La concavité se présente du
côté de la face la plus exposée au flux séchant.

Le séchage d'une matrice d'argile comporte donc une zone critique exigeant un contrôle et des précautions résumées au tableau 14.

Tableau 14 : Paramètres de séchage et de contrôle conseillés pour l'élaboration des matériaux de construction à base des matières premières étudiées

ZONE DE SECHAGE CRITIQUE		Limite de retrait	SECHAGE SANS RISQUE
▪ Séchage symétrique des produits, ▪ Séchage contrôlé : contrôle de la vitesse d'évaporation (en atmosphère humide ou en milieu semi-hermétique…)			Séchage en atmosphère sec
argiles	Vitesse de séchage conseillée *(mg d'eau / g de matière sèche / heure)*	ϖ_r *(%)*	
Argile Blanche de Bangéli	-6	17	
Argile Noire de Togblékopé	-10	8	Elévation de la vitesse de séchage sans risque
Argile Rouge de Guérin-Kouka	-5	12	
Argile Verte de Kouvé	-7	13	
Argile Rouge de Kouvé	-5	9	
Argile Rouge de Albi-2	-6	10	

VI- CONCLUSION

Pour limiter la déformation et la fissuration des matrices d'argile en cours de séchage, nous avons procédé à une étude expérimentale du séchage et à une modélisation du séchage d'une plaque en argile.

L'étude expérimentale a permis d'une part de déterminer pour chaque argile, la vitesse de séchage à ne pas dépasser au risque d'une fissuration irrémédiable des produits et d'autre part de définir les courbes d'évolution de la masse volumique des matrices et les courbes du retrait au séchage. Ces deux courbes mettent en évidence l'existence de deux phases dans le séchage d'une matrice en argile : une première phase correspondant à une plage de teneurs en eau pour lesquelles le risque de fissuration de la matrice est très élevé et une seconde phase qui ne présente aucun risque majeur. Pour mener à bien la phase critique du séchage des tuiles et briques et limiter les rebuts, nous avons proposé un séchage contrôlé qui prend en compte la vitesse de séchage sans risque, la limite de retrait de l'argile considérée et un séchage en milieu humide ou semi-hermétique. Quant à la modélisation du séchage, elle avait pour objectif de définir la répartition et l'évolution de l'humidité dans l'épaisseur de la matrice à chaque instant du séchage. Un modèle diffusif défini à partir des lois de Fick, nous a semblé être représentatif de la migration de l'humidité dans l'épaisseur d'une matrice d'argile en cours de séchage. L'avantage de ce modèle est qu'il exige peu de coefficients. La corrélation des équations mathématiques et des résultats expérimentaux nous ont permis d'identifier le coefficient de diffusion de la matrice d'argile. Les valeurs déterminées sont très proches de celles rencontrées dans la littérature mais nous restons assez prudents quant à la précision de ces valeurs. Néanmoins, la modélisation a permis de comprendre que le séchage d'une matrice d'argile s'effectue des faces vers le cœur de la matrice en engendrant corrélativement un retrait important sur les faces. Il en résulte des contraintes et des tensions superficielles qui, au-delà d'un certain seuil, provoquent l'apparition des fissures sur les faces de la matrice. Ce phénomène est d'autant plus important que l'humidité de la matrice est encore supérieure à la limite de retrait de l'argile considérée et que la vitesse d'évaporation est importante. La modélisation a également révélé qu'un séchage dissymétrique des matrices est à l'origine d'un retrait dissymétrique qui provoque la déformation des matrices, la concavité se présentant sur la face la plus exposée au flux séchant. Une disposition des briques et surtout des tuiles offrant un séchage symétrique s'avère donc indispensable.

CHAPITRE III

CARACTERISATION PHYSIQUE ET THERMO-MECANIQUE DES MATRICES EN ARGILE

I- INTRODUCTION

La procédure d'élaboration des matrices ayant été définie, nous procéderons à la caractérisation des matrices afin de déterminer celles qui répondent au mieux à l'élaboration des tuiles et briques. Pour réduire la consommation d'énergie de production, nous procéderons à la cuisson des matrices à différentes températures afin de définir les températures minimales susceptibles de garantir aux produits résultants, une tenue mécanique conforme aux exigences des normes du Génie Civil.

La caractérisation portera particulièrement sur l'évaluation de l'aptitude des matrices à l'absorption d'eau afin d'anticiper sur leur comportement face aux intempéries (pluie, inondation, etc.) et sur les tests de compression des matrices afin de déterminer leur tenue mécanique. Les essais de compression seront effectués sur les matrices à l'état sec et à l'état humide, conformément aux recommandations des normes sur les produits de construction en argile cuite.

Nous ne saurons terminer la définition de la gamme des matrices utilisables en Génie Civil sans procéder aux mélanges des argiles, notamment de celles qui présentent une bonne tenue mécanique avec celles qui sont peu performantes afin de définir un produit résultant aux propriétés mécaniques acceptables.

II- CARACTERISATION PHYSIQUE DES MATRICES D'ARGILE

II-1. Retrait au séchage et à la cuisson : Taux de retrait linéaire des matrices
Des mesures effectuées sur les éprouvettes élaborées ont permis de relever
le taux de retrait longitudinal λ_l, c'est-à-dire suivant le sens de compactage
de la matrice lors de la mise en œuvre et le taux de retrait transversal λ_t,
suivant la direction perpendiculaire au sens de compactage. Ces mesures
ont montré que les valeurs de λ_l et de λ_t ne diffèrent que très peu. Le taux
de retrait linéaire exprimé dans la suite du document désigne
indifféremment les taux de retrait transversal ou longitudinal.

Tout comme au séchage, les matrices d'argile sont sujettes, au cours de la
cuisson, au retrait par suite de transformations des particules argileuses.

Résultats expérimentaux : Le tableau 15 récapitule les valeurs moyennes
des taux de retrait linéaire au séchage et des taux de retrait linéaire des
matrices cuites à 500°C, 850°C et 1060°C pendant 24 heures. Les différents
taux expriment la variation des dimensions de la matrice par rapport à ses
dimensions sèches.

Tableau 15 : Taux de retrait linéaire au séchage et à la cuisson des matrices
d'argile élaborées à 18 % de teneur en eau.

Variétés d'argile	Taux de retrait au séchage et à la cuisson			
	Retrait au séchage	Retrait à la cuisson		
	T° ambiante λ_o (%)	à 500°C $\lambda_{500°}$ (%)	à 850°C $\lambda_{850°}$ (%)	à 1060°C $\lambda_{1060°}$ (%)
Argile Blanche de Bangéli	2	≈ 0	1,8	11
Argile Noire de Togblékopé	9	≈ 0	1	2
Argile Rouge de Guérin-Kouka	5	≈ 0	1	6
Argile Verte de Kouvé	7	≈ 0	0,5	2
Argile Rouge de Kouvé	6	≈ 0	0,7	3
Argile Rouge d'Albi-2	5	≈ 0	0,5	3

Le taux de retrait volumique de chaque argile peut être connu à partir de l'expression :

$$\lambda_v = 3.\lambda_t \qquad \text{Eq. 51}$$

Ces résultats permettent de constater que :

■ au séchage, l'Argile Noire de Togblékopé présente un retrait important et l'Argile Blanche de Bangéli un très faible retrait. Toutes les autres variétés présentent un retrait intermédiaire,

■ à la cuisson, les matrices ne subissent pas de variation de dimensions jusqu'à 500°C. On observe un début de variation de dimensions de la matrice entre 500°C et 850°C. Ce retrait est dû à l'effondrement de la structure de la matrice par fusion des éléments fondants. Ce phénomène est appelé grésage [7].

A 1060°C, le phénomène de grésage devient très important. L'Argile Blanche de Bangéli et l'Argile Rouge de Guérin-Kouka, subissent un important grésage à 1060°C.

Le grésage de la matrice a une importance capitale sur sa tenue mécanique et son absorption capillaire comme nous le verrons ultérieurement.

II-2. Détermination des masses volumiques apparentes des matrices

La masse volumique apparente indique l'état de compacité de la matrice. Elle est déterminée par une méthode simple de pesage hydrostatique.

Protocole expérimental : La masse **m** de l'échantillon étuvé est relevée. La matrice est ensuite enduite de paraffine. La couche d'enduit devra être parfaitement continue afin d'éviter l'absorption de l'eau. La masse M_1 de l'échantillon enduit est relevée. Enfin, la masse M_2 du même l'échantillon immergé dans l'eau distillée est ensuite relevée par pesée hydrostatique. La masse volumique apparente de la matrice sèche est donnée par l'expression [3] :

$$\rho_o = \frac{m}{\dfrac{M_1 - M_2}{\rho_{eau}} - \dfrac{M_1 - m}{\rho_p}}$$

Eq. 52

ρ_p désigne la masse volumique de l'enduit (paraffine) et ρ_{eau} la masse volumique de l'eau distillée, soit 1 g/cm^3.

Cette expression est établie à l'annexe III-2. Pour l'enrobage des échantillons, il est possible d'utiliser n'importe quel enduit. Dans le cas de l'emploi de la paraffine, celle-ci ne doit pas être trop chauffée au risque d'occasionner des erreurs de mesure. En effet, lorsqu'elle est chauffée, la paraffine devient trop fluide et pénètre dans la matrice en remplissant les pores.

Résultats expérimentaux : Le tableau 16 donne les valeurs moyennes des masses volumiques apparentes des matrices séchées (matrices vertes) et des matrices cuites comme précédemment à 500°C, 850°C et 1060°C pendant 24 heures.

Tableau 16 : Masses volumiques apparente et absolue des différentes matrices élaborées

Variétés d'argile	Masse volumique de la matrice après séchage et cuisson			
	Masse vol. apparente des matrices séchées (matrices vertes)	Masse volumique apparente des matrices après cuisson		
	T° ambiante ρ_o (g/cm^3)	à 500°C $\rho_{500°}$ (g/cm^3)	à 850°C $\rho_{850°}$ (g/cm^3)	à 1060°C $\rho_{1060°}$ (g/cm^3)
Argile Blanche de Bangéli	1,87	1,8	1,85	2,44
Argile Noire de Togblékopé	2,2	2	1,9	2
Argile Rouge de Guérin-K.	2	1,9	1,88	2,2
Argile Verte de Kouvé	2	1,9	1,85	2
Argile Rouge de Kouvé	2	1,9	1,88	2
Argile Rouge d'Albi-2	2	1,9	1,84	1,9

Ces résultats donnent la masse volumique des matrices vertes et des matrices cuites.

La masse volumique apparente des matrices vertes est conforme aux spécifications recommandées par le Centre de Développement Industriel (C.D.I) dans " bloc de terre comprimée- choix du matériel de production" [14]. En effet, le C.D.I préconise une masse volumique sèche minimale de 1,7 g/cm^3 pour les matrices vertes (sans cuisson). La masse volumique sèche recommandée est de 2 g/cm^3.

La faible densité des matrices de l'Argile Blanche de Bangéli est due au faible retrait de cette argile au séchage (un taux de retrait de 2%). En revanche, la matrice verte en Argile Noire de Togblékopé est plus compacte en raison de son aptitude au retrait (un taux de retrait de 9%. Tableau 15).

Mais à la cuisson, la variation de la densité apparente de la matrice est à la fois due au retrait et au grésage :

▪ de 500°C à 850°C : le retrait à la cuisson étant très faible, (tableau 15), la perte de masse par combustion des éléments organiques (perte au feu) engendre une diminution de la masse volumique des matrices. Cette évolution de la densité de la matrice se maintient jusqu'à 850°C.

▪ de 850°C à 1060°C : le grésage devient plus important et la matrice subit un important rétrécissement de dimensions alors que sa masse reste quasiment constante (les matières organiques étant déjà consumées).

La densité de la matrice devient croissante. Ce phénomène devient très important au voisinage de 1000°C.

La masse volumique des matrices en Argile Blanche de Bangéli et en Argile Rouge de Guérin-Kouka augmente de manière importante à 1060°C. La première par exemple croît de 1,87 g/cm^3 à 2,44 g/cm^3 à 1060°C. Cette densification de la matrice par grésage a une incidence directe sur sa tenue mécanique et son aptitude à l'absorption d'eau par capillarité.

II-3. Détermination de la porosité des matrices : porosimétrie à l'eau

La porosité de la matrice d'argile tout comme sa densité, influe largement sur ses propriétés mécaniques. Elle varie également suivant la nature de l'argile, le degré de compacité de la matrice et sa température de cuisson.

Il existe plusieurs techniques de détermination de la porosité. Ce sont entre autres, la porosimétrie à l'eau, la porosimétrie au mercure, la porosimétrie par analyse d'images, etc. Mais nous adopterons la porosimétrie à l'eau pour sa simplicité d'application et son coût peu élevé.

Protocole expérimental : La porosimétrie à l'eau a été réalisée sur des éprouvettes en argile cuites à 500°C, 850°C et 1060°C pendant 24 heures. L'opération consiste à relever la masse sèche **m** de l'éprouvette déshydratée par étuvage à 120°C pendant 24 heures. L'éprouvette est ensuite mise sous vide (0,8-1bar) pendant 4 heures à l'aide d'une pompe à vide, puis immergée dans l'eau distillée pendant 1 heure. On relève la masse M_h de l'échantillon imbibé lorsqu'il est hors de l'eau et sa masse M_i lorsqu'il est immergé. Ces mesures permettent de déterminer :

• la porosité partielle de la matrice. Son expression est donnée par [3; 54]:

$$\psi = 100.\frac{(M_h - m)}{(M_h - M_i)} \qquad \text{(en \%)} \qquad \text{Eq. 53}$$

La porosité partielle est due aux pores interconnectés et aux pores ouverts. Elle détermine la perméabilité des matrices [54],

• la porosité totale de la matrice. Celle-ci tient compte du volume des pores connectés, ouverts et fermés. Son expression est donnée par la relation [7; 54] :

$$\psi_T = 100.\frac{\rho_a - \dfrac{m}{M_h - M_i}.\rho_{eau}}{\rho_a} \qquad \text{(en \%)} \qquad \text{Eq. 54}$$

ρ_a désigne la masse volumique absolue de la matrice. Les expressions donnant Ψ (équation 53) et Ψ_T (équation 54) sont établies à l'annexe III-3.

Les masses volumiques absolues des différentes argiles étant déjà déterminées (Tableau 4) l'expression précédente est entièrement définie.

Résultats expérimentaux : Les résultats expérimentaux ont montré que la porosité partielle est quasiment égale à la porosité totale dans les matrices d'argile. Ce qui signifie que la quasi-totalité des pores de la matrice d'argile sont interconnectés. On désignera donc par porosité, la porosité partielle ou la porosité totale de la matrice. Les valeurs de la porosité des matrices cuites à différentes températures sont données dans le tableau 17.

Tableau 17 : Porosité moyenne des matrices à 500°C, 850°C et 1060°C

Variétés d'argiles	Porosité moyenne des matrices d'argile après cuisson		
	à 500°C $\psi_{500°}$ (en %)	à 850°C $\psi_{850°}$ (en %)	à 1060°C $\psi_{1060°}$ (en %)
Argile Blanche de Bangéli	32	31	25
Argile Noire de Togblékopé	23	21	18
Argile Rouge de Guérin-Kouka	32	28	25
Argile Verte de Kouvé	30	28	23
Argile Rouge de Kouvé	31	27	22
Argile Rouge d'Albi-2	30	28	24

Le taux de porosité des matrices en argile diminue avec la température de cuisson. Tout comme le retrait et la densité, la variation de la porosité de la matrice avec la température est due au grésage. Au cours de la cuisson, l'alvéolage de la matrice tend à augmenter sa porosité mais l'effondrement de sa structure provoque son rétrécissement en fermant les pores. Le retrait de la matrice en cours de cuisson fait donc baisser la porosité.

De manière globale, la variation d'une caractéristique physique de la matrice engendre une variation corrélative de l'ensemble de ses caractéristiques physiques. Mais cette variation dépend fondamentalement de la nature de l'argile. En effet, à 1060°C, la matrice d'Argile Blanche de Bangéli présente un taux de retrait de 11% contre seulement 2% pour l'Argile Noire de Togblékopé (tableau 15). Mais contrairement à ce qu'on aurait pu prévoir, cette dernière présente un taux de porosité de 18% contre 25% de porosité de l'Argile Blanche de Bangéli.

Chaque matière première est donc un cas d'espèce et nécessite une investigation complète.

II-4. Test d'absorption capillaire

L'essai d'absorption de l'eau par capillarité est un test de contrôle établi par « la norme pour briques en terre cuite » (NF P 10-305) [17].
Le dispositif expérimental est présenté à la figure 37. Il s'agit de déterminer la masse d'eau absorbée par l'échantillon dont une seule face est immergée.

Protocole expérimental : L'éprouvette de masse sèche connue repose sur une couche de billes en verre recouvertes légèrement d'eau. L'eau du bac est maintenue constamment à ce niveau par un système d'alimentation automatique. Une membrane étanche recouvrant le bac d'eau permet de limiter l'influence de la pression atmosphérique et l'évaporation de l'humidité absorbée. Le dispositif expérimental est représenté à la figure 37.

La mesure consiste à déterminer la masse **m** d'eau absorbée par l'éprouvette au travers d'une de ses faces de surface **S** pendant un temps **t**. Le coefficient d'absorption d'eau est alors obtenu à partir de l'expression [17; 59] :

$$C = \frac{100.m}{S\sqrt{t}} \qquad \text{Eq. 55}$$

m désigne la masse d'eau absorbée en grammes, S la surface de la face immergée en cm², et t le temps d'absorption en minutes. Dans le cas des structures en terre cuite, la durée d'absorption est en général fixée à 10 minutes.

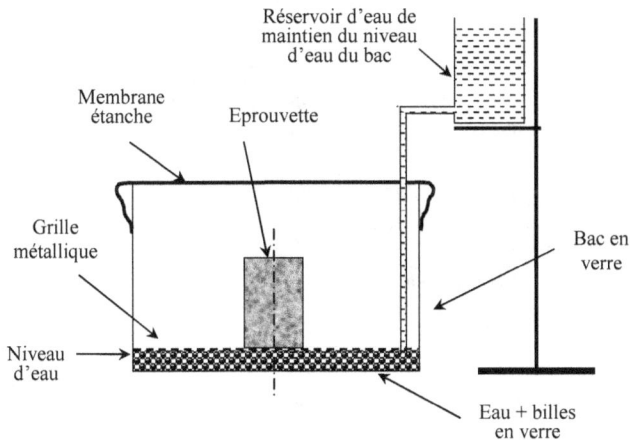

Figure 37 : Dispositif d'essai d'absorption capillaire [38]

Conformément à « la norme pour briques en terre cuite », le coefficient C doit être compris entre 30 et 80 $g.cm^{-2}.s^{-0.5}$ selon le procédé de fabrication de la matrice et ses valeurs extrémales ne doivent pas s'écarter de plus de 20% de la valeur moyenne. Lorsque la valeur moyenne du coefficient C est inférieure à 15 $g.cm^{-2}.s^{-0.5}$, l'écart maximal admis est de 3 unités.

Résultats expérimentaux : Des essais d'absorption capillaire ont été effectués sur une série de 10 échantillons par variété d'argile et par température de cuisson. Les valeurs moyennes des coefficients d'absorption mesurés sont mentionnées dans le tableau 18.

Ces résultats montrent que jusqu'à 850°C, l'aptitude de la matrice à l'absorption d'eau augmente.

Paradoxalement, les résultats du tableau 17 montrent que la porosité des matrices diminue. Ceci s'explique par la transformation de la texture de la matrice à la cuisson. En effet, jusqu'à 900°C, la concrétion des matières argileuses fines engendre la fermeture progressive des pores fins alors qu'apparaissent des pores de plus grand diamètre [7]. L'alvéolage de la matrice augmente son absorption d'eau.

Au-dessus de 850°C, les différentes argiles se comportent de manière différente à la cuisson :

Tableau 18 : Coefficients d'absorption d'eau des matrices cuites à 500°C, 850°C et 1060°C

Variétés d'argiles	Coefficients d'absorption d'eau à différentes températures de cuisson		
	à 500°C $C_{500°}$ $(g.cm^{-2}.s^{-0.5})$	à 850°C $C_{850°}$ $(g.cm^{-2}.s^{-0.5})$	à 1060°C $C_{1060°}$ $(g.cm^{-2}.s^{-0.5})$
Argile Blanche de Bangéli	5	7	< 1
Argile Noire de Togblékopé	4	9	14
Argile Rouge de Guérin-Kouka	3	5	2,5
Argile Verte de Kouvé	4	10	14
Argile Rouge de Kouvé	6	14	14
Argile Rouge d'Albi-2	6	12	11

- l'Argile Blanche de Bangéli et l'Argile Rouge de Guérin-Kouka présentent une surface lisse et de plus en plus étanche avec la température de cuisson. Leur coefficient d'absorption d'eau diminue. A 1060°C, la matrice de l'argile blanche devient quasiment étanche.
- les matrices des autres variétés d'argile présentent à leur surface des microfissures qui favorisent l'absorption capillaire.

Mais, de manière globale, les coefficients d'absorption des différentes matrices se situent largement dans les limites fixées par la norme des briques cuites (NF P 10-305) [17]. En effet, le coefficient d'absorption maximal est de 14 g.cm^{-2}.s$^{-0.5}$ et l'écart maximal entre chacune des 10 mesures (10 éprouvettes par essai) et leur valeur moyenne n'est que de 2 g.cm^{-2}.s$^{-0.5}$.

II-5. Texture des matrices cuites

Une observation au Microscope Electronique à Balayage permet de comparer la texture des différentes matrices cuites à 1060°C (figures 38 et 39). L'observation de ces figures montre que la texture de la matrice de l'argile kaolinique de Bangéli diffère fondamentalement de celles des autres argiles. Celles-ci se rapprochent plus ou moins les unes des autres.

ARGILE	CLICHES AU M.E.B	OBSERVATIONS
a- Argile Blanche de Bangéli	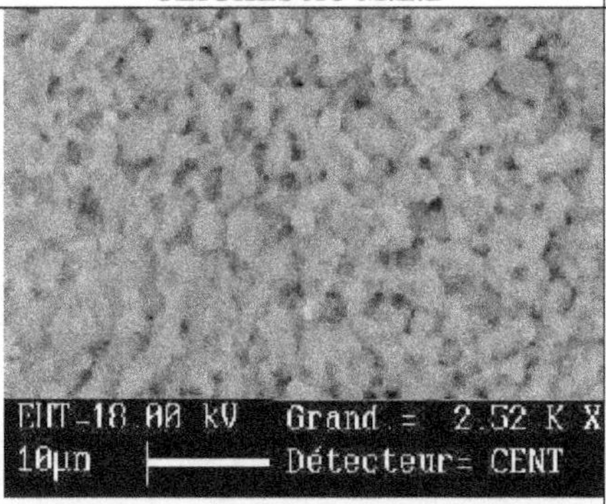 EHT=18.00 kV Grand. = 2.52 K X 10µm ──── Détecteur= CENT	La matrice se présente à l'échelle microscopique sous la forme d'une structure spongieuse. Elle présente une importante "microposrosité". Les pores ont une taille moyenne de 4 µm. La matrice ne présente pas de microfissures. A l'échelle macroscopique, la surface de la matrice est très lisse.
b- Argile Noire de Togblékopé	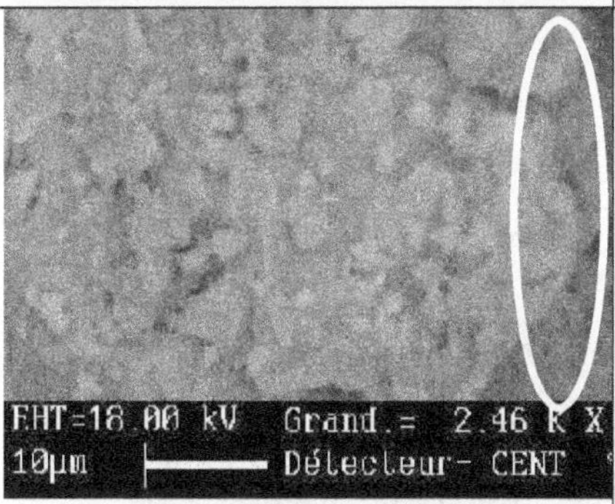 EHT=18.00 kV Grand.= 2.46 K X 10µm ──── Détecteur- CENT	La matrice est constituée d'agglomérats de matière argileuse de quelques dizaines de microns de taille. Entre ces amas de matière argileuse se trouvent des pores de taille plus importante (quelques dizaines de microns de taille). Le cercle montre par exemple "une microfissure" d'une dizaine de microns d'ouverture.
c- Argile Rouge de Guérin-Kouka	 EHT=18.00 kV Grand.= 2.48 K X 10µm ──── Détecteur= CENT	Les agglomérats de matière sont d'une taille plus réduite que dans le cas de l'ANT. Les pores ont une taille de l'ordre d'une dizaine de microns.

Figure 38 : Observation au M.E.B : Texture des matrices d'argile cuites à 1060°C (ABB ; ANT ; ARG)

ARGILE	CLICHES AU M.E.B	OBSERVATIONS
a- Argile Verte de Kouvé	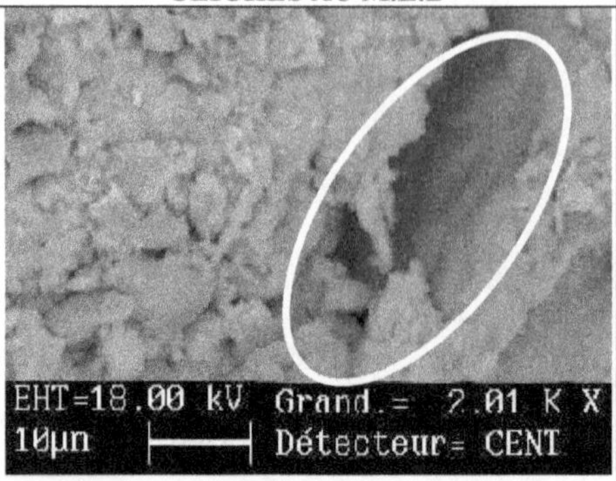 EHT=18.00 kV Grand.= 2.01 K X 10µm Détecteur= CENT	La matrice présente d'importantes microfissures d'une dizaine de micros d'ouverture.
b- Argile Rouge de Kouvé	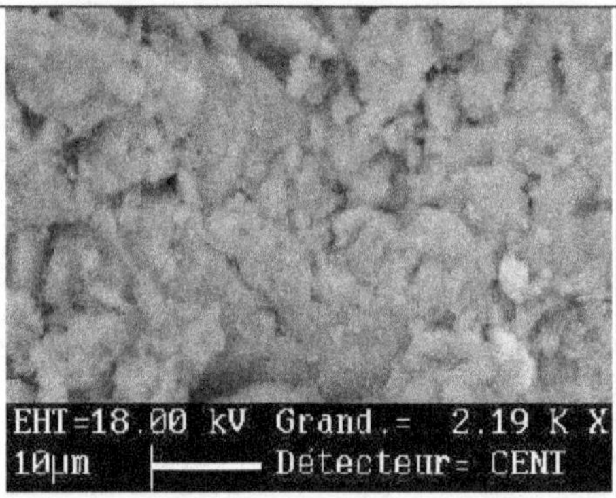 EHT=18.00 kV Grand.= 2.19 K X 10µm Détecteur= CENT	La texture de cette argile est très proche de celle de l'Argile Rouge de Guérin-Kouka.
c- Argile Rouge de Albi-2	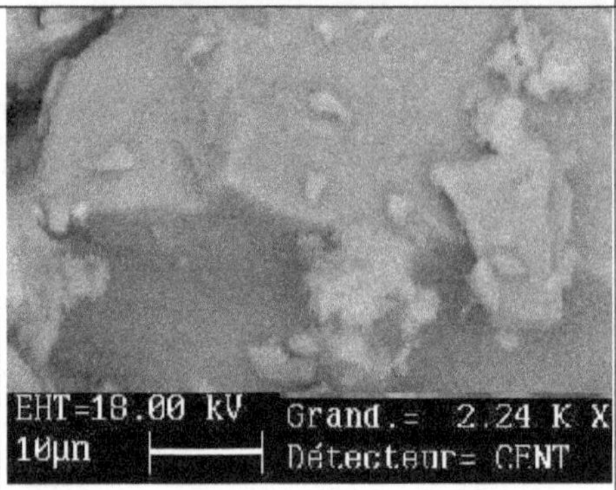 EHT=18.00 kV Grand.= 2.24 K X 10µm Détecteur= CENT	La matrice présente des agglomérats plus compacts.

Figure 39 : Observation au M.E.B : Texture des matrices d'argile cuites à 1060°C (AVK, ARK, ARA)

III- CARACTERISATION MECANIQUE DES MATRICES CUITES

La caractérisation mécanique des matrices en argile a pour but de déterminer leur tenue mécanique et de contrôler le comportement mécanique de la brique face aux contraintes et aux intempéries. Le Centre pour le Développement Industriel [14] préconise, pour les blocs de terre comprimée, un contrôle de la résistance des matrices à la compression à l'état sec (résistance à sec) et lorsqu'elles sont humides (résistance humide).

III-1. Résistance des matrices à la compression à l'état sec

III-1.1. Conditions expérimentales et protocole

La caractérisation mécanique consiste en un essai de compression communément appelé essai d'écrasement. La compression de la matrice à l'état sec porte sur les différentes variétés d'argile après une cuisson aux différentes températures précédemment indiquées. La procédure d'essai suit les normes de caractérisation des matériaux les plus usuellement utilisés dans la maçonnerie de l'habitat, tels que la brique cuite (Norme française sur les briques cuites : NF P13-305) [60], le béton et les pierres calcaires (Norme française sur les blocs en béton de granulats courants pour murs et cloisons : NF P 14-301) [60]. Suivant cette norme, l'essai de compression s'effectue sur 5 éprouvettes de même type et la charge est appliquée de manière continue, sans à coup, à une vitesse régulière correspondant à 0,5 ± 0,2 MPa par seconde.

Pour chaque variété d'argile et pour la même température de cuisson, les essais sont réalisés sur 5 éprouvettes qui subissent la compression jusqu'à la rupture complète. Un extensomètre permet de relever la déformation longitudinale de la matrice en compression.

III-1.2. Courbes de compression des matrices sèches

La figure 40 donne les courbes contraintes - déformations obtenues par compression des matrices cuites à 500°C, 850°C et 1060°C pendant 24 heures.

Les courbes contraintes-déformations présentent deux zones :
une zone linéaire : la contrainte est proportionnelle à la déformation. Mais
ceci ne signifie pas que le matériau ait un comportement élastique

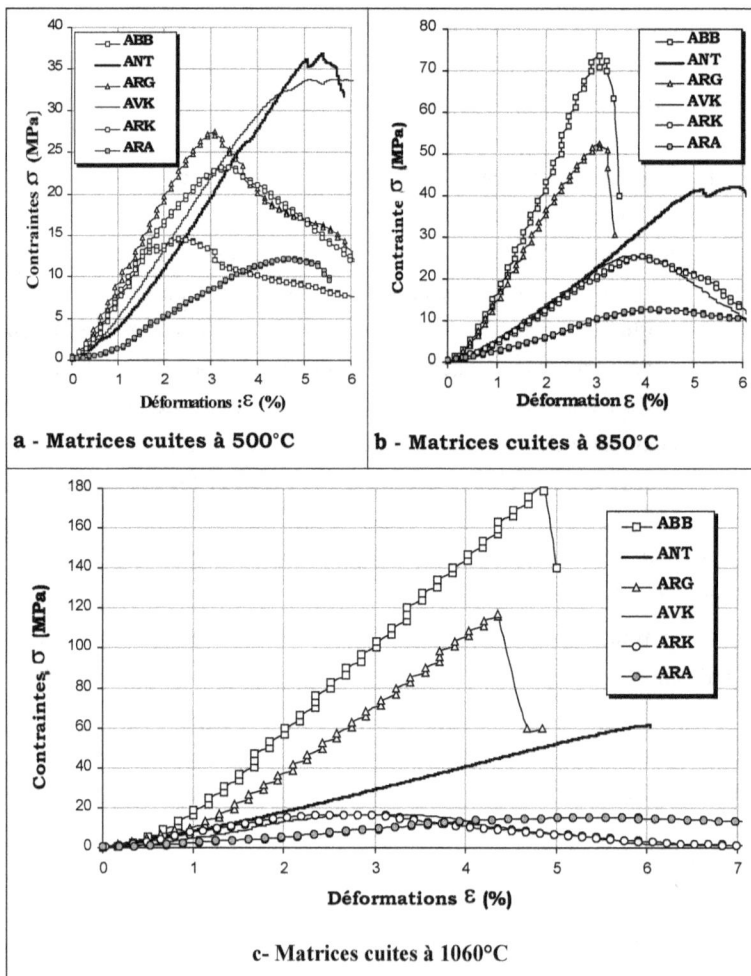

a - Matrices cuites à 500°C

b - Matrices cuites à 850°C

c- Matrices cuites à 1060°C

Figure 40 : Courbes de compression de matrices sèches en argile cuite à
500°C, 850°C et à 1060°C

- En effet, la déformation de la matrice n'est pas réversible. Dans cette interprétation, les termes de module élastique, de limite élastique et de contrainte et déformation élastiques sont employés par analogie aux termes utilisés dans l'interprétation du comportement élastique d'un matériau. Cette zone est caractérisée par le module d'élasticité longitudinal E, la limite élastique σ_e et la déformation à la limite élastique ε_e.

Dans les mêmes conditions d'élaboration (pression de mise en forme, teneur en eau des pâtes, etc.), l'importance de cette zone dépend de la nature de l'argile et de la température de cuisson. De manière générale, elle est d'autant plus importante que la température de cuisson est élevée.

- une zone élasto-plastique : les déformations deviennent de plus en plus prépondérantes. Cette zone est caractérisée par la contrainte maximale σ_{ms} et la déformation à la contrainte maximale ε_m. Elle est également très influencée par la nature de l'argile et la température de cuisson :

• jusqu'à 500°C, la rupture des matrices s'effectue presque de la même manière. Plusieurs fissures apparaissent et s'élargissent progressivement au fur et à mesure que l'on applique la contrainte de compression puis survient la rupture par écrasement de la matrice.

• à partir de 850°C, certaines argiles se comportent de manière différente à la rupture. Il apparaît une ou deux fissures dans le sens du chargement puis survient brusquement l'éclatement de la matrice entière.

Les courbes contraintes - déformations des argiles ayant ce comportement montrent une correspondance presque parfaite entre la limite élastique et la contrainte maximale de la matrice. Ces matériaux ont donc un comportement élasto-fragile. C'est le cas typique des matrices d'Argile Blanche de Bangéli et d'Argile Rouge de Guérin-Kouka (figure 40). Ce comportement de la matrice est d'autant plus prononcé que sa température de cuisson est élevée. Ce type d'argile présente une très bonne tenue mécanique au-delà de 850°C (tableau 19).

III-1.3. Propriétés mécaniques à différentes températures de cuisson

Tableau 19 : Propriétés mécaniques des matrices à l'état sec et à 500°C, 850°C et 1060°C (24 heures de cuisson)

PROPRIETES MECANIQUES DES MATRICES A L'ETAT SEC

ARGILES	Contrainte maximale σ_m (MPa)			Module de Young E (MPa)			Limite élastique σ_f (MPa)			Déformation à la limite élastique ε_f (en %)			Déformation à la contr. maxi. ε_m (en %)		
	500°C	850°C	1060°C	500°C	850°C	1060°C	500°C	850°C	1060°C	500°C	850°C	1060°C	500°C	850°C	1060°C
ABB	15	75	180	1000	2800	4500	15	70	180	1,5	3	5	2,5	3	5
ANT	38	40	60	800	1000	1200	36	40	60	5	4	6	5,5	5,5	6
ARG	30	50	120	1000	2000	3500	27	47	120	3	2,5	4,5	3	3	4,5
AVK	34	26	18	800	1000	900	30	24	15	4	3,5	2,5	5	4	3
ARK	24	25	18	800	1000	900	22	25	15	3	4	2,5	3,5	4	3
ARA	12	14	15	350	400	400	11	12	14	3	3,5	4	4,5	4	5,5

Remarque : Précisons que les premières fissures apparaissent dès que le chargement atteint la contrainte maximale de la matrice et celle-ci peut être considérée comme endommagée. Les caractéristiques telles que la contrainte de rupture et l'allongement à la rupture deviennent donc peu significatifs. Ces deux caractéristiques ne seront pas retenues comme critère de tenue mécanique de la matrice.

Pour l'ensemble des variétés d'argile, le module élastique et la contrainte maximale des matrices augmentent avec la température de cuisson. L'évolution du module traduit le durcissement de la matrice en fonction de la température de cuisson.

Par ailleurs, corréler caractéristiques physiques et caractéristiques mécaniques permet de mieux interpréter l'évolution de ces dernières en fonction de la température. On peut relever une parfaite corrélation entre le retrait de la matrice (tableau 15) et sa résistance mécanique à toutes les températures :

▪ à 500°C : les matrices des différentes argiles ne subissent aucun retrait à la cuisson. Elles ne subissent donc aucune transformation particulière. Les matrices présentent alors presque le même module d'élasticité longitudinale. Celui-ci se situe entre 800 MPa et 1000 MPa.

L'Argile Noire de Togblékopé subit le plus important retrait au séchage. Cette matrice acquiert une plus importante densité et présente corrélativement la plus importante contrainte maximale.

En revanche, l'Argile Blanche de Bangéli présente une faible contrainte maximale du fait qu'elle ne subit qu'un très faible retrait au séchage (tableaux 15 et 19). L'Argile Rouge d'Albi présente également une faible contrainte maximale en dépit de son retrait important (un taux de retrait de l'ordre de 5%).

▪ à 850°C : la matrice d'Argile Blanche de Bangéli subit le plus important retrait à la cuisson. Elle devient donc plus rigide et présente la contrainte maximale et le module élastique les plus élevés. Les caractéristiques mécaniques de cette argile augmentent très sensiblement : σ_{ms} augmente par exemple de 3 à 4 fois et E de 2 à 3 fois leur valeur à 500°C. L'Argile Rouge de Guérin-Kouka se comporte de manière similaire en passant de 500°C à 850°C.

En revanche, la contrainte maximale et le module de Young des autres variétés d'argile ne varient presque pas lorsqu'on augmente la température de cuisson de 500°C à 850°C.

- à 1060°C : le retrait des matrices en Argile Blanche de Bangéli et en Argile Rouge de Guérin-Kouka est très avancé (tableau 15). La matrice devient de plus en plus dense et rigide et sa tenue mécanique augmente (tableau 19). Leurs contraintes maximales sont respectivement de 180MPa et 120MPa.

En revanche, la contrainte maximale de l'Argile Verte de Kouvé, de l'Argile Rouge de Kouvé et de l'Argile Rouge de Albi baissent sensiblement. En effet, à partir de 850°C, des microfissures apparaissent dans la matrice de ces argiles et altèrent sa tenue mécanique.

En résumé, l'Argile Rouge de Albi présente une médiocre tenue mécanique, quelque soit sa température de cuisson. A 500°C, l'Argile Blanche de Bangéli présente une très faible résistance à la compression. Au-delà de 850°C, l'Argile Blanche de Bangéli, l'Argile Rouge de Guérin-Kouka et l4argile Noire de Togblékopé présentent une bonne tenue mécanique.

III-2. Résistance à la compression des matrices à l'état humide

Cet essai permet d'évaluer la tenue mécanique de la brique ou de la tuile lorsqu'elle est entièrement humidifiée suite à des intempéries naturelles (pluie, inondation, absorption de l'humidité de l'air, etc.). L'essai consiste à tester en compression des matrices entièrement humidifiée suivant une procédure décrite par la norme NF P13-305.

III-2.1. Immersion des matrices pendant 96 heures

Les éprouvettes subissent une immersion de 4 jours. On s'en tiendra à 24 heures si l'immersion altère la matrice. L'immersion s'effectue dans un bac contenant à son fond du sable d'une épaisseur minimale de 1 cm (pour une meilleure infiltration de l'eau à la base) et de l'eau qui surnage de 3 cm au moins au-dessus des éprouvettes (figure 41).

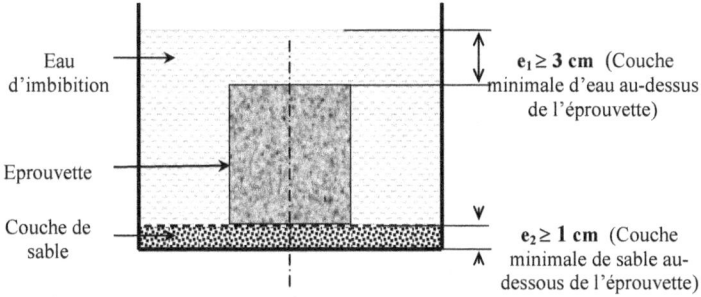

Figure 41 : Procédure d'immersion d'éprouvettes en argile cuite (d'après la norme sur les briques cuites : NFP 13-305) [37]

III-2.2. Courbes de compression des matrices humides

La superposition des courbes de compression des matrices sèches et humides permet de relever l'influence de l'humidité sur la tenue mécanique de la matrice à différentes températures de cuisson. Les figures 42 et 43 donnent respectivement les courbes contraintes - déformations des matrices de l'Argile Blanche de Bangéli et de l'Argile Verte de Kouvé à l'état sec et à l'état humide.

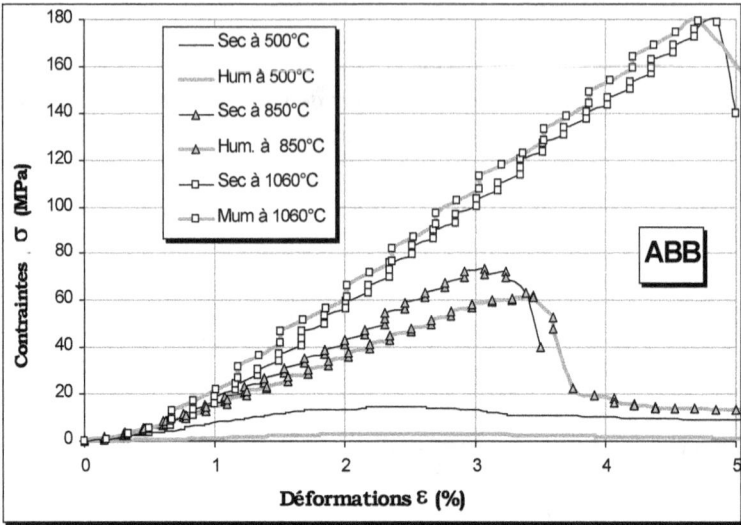

Figure 42 : Courbes de compression de matrices de l'Argile Blanche de Bangéli à l'état sec et à l'état humide à différentes températures de cuisson

Les courbes contraintes-déformations des autres variétés sont données à l'annexe IV. Ces résultats montrent que l'influence de l'eau sur la tenue mécanique de la matrice dépend de la température de cuisson et de la nature de l'argile.

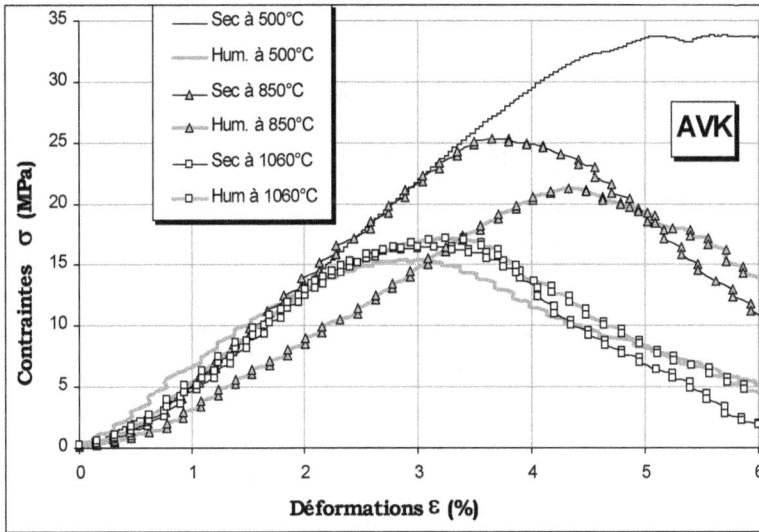

Figure 43 : Courbes de compression de matrices de l'Argile Verte de Kouvé
à l'état sec et à l'état humide à différentes températures de cuisson

De façon générale, l'absorption d'eau diminue la contrainte maximale et le
module de Young des matrices. L'abaissement du module montre que la
matrice humide devient moins dure et moins compacte. La diminution des
propriétés mécaniques de la matrice est fonction de l'aptitude de la matrice
à absorber l'eau. Cette aptitude est déterminée par le coefficient
d'absorption d'eau de la matrice (tableau 18).

Les courbes contraintes - déformations (figures 42 et 43 et annexes IV) des
matrices humides montrent que celles-ci présentent le même comportement
mécanique à l'état humide et à l'état sec :
- à 500°C, toutes les matrices présentent un comportement élasto-
plastique,
- au-delà de 850°C, les Argile Blanche de Bangéli et Rouge de Guérin-
Kouka deviennent élasto-fragiles alors que toutes les autres variétés restent
élasto-plastiques.

III-2.3. Propriétés mécaniques moyennes à l'état humide

Tableau 20 : Propriétés mécaniques des matrices à l'état humide et à 500°C, 850°C et 1060°C (24 heures de cuisson)

PROPRIETES MECANIQUES DES MATRICES A L'ETAT HUMIDE

ARGILES	Contrainte maximale σ_{mb} (MPa)			Module de Young E (MPa)			Limite élastique σ_e (MPa)			Déformation à la limite élastique ε_e (en %)			Déformation à la contr. maxi. ε_m (en %)		
	500°C	850°C	1060°C	500°C	850°C	1060°C	500°C	850°C	1060°C	500°C	850°C	1060°C	500°C	850°C	1060°C
ABB	4	60	180	160	2200	4500	4	60	180	2,5	3,5	5	2,5	3,5	5
ANT	20	28	12	600	600	300	18	28	11	3,5	5,5	4	3,5	4,5	3,5
ARG	16	50	120	800	2000	3500	14	47	120	2	2,5	4,5	2,5	3	4,5
AVK	15	20	17	600	600	700	14	20	16	2,5	4	2,5	3	4	3
ARK	15	24	18	600	600	700	14	23	20	2,5	3,5	4	3,5	4	4
ARA	8	14	12	350	500	450	8	14	11	2,5	3	3	3	3,5	3,5

Les courbes contraintes - déformations montrent deux comportements différents des matrices vis-à-vis de l'eau :

- à 500°C, l'absorption d'eau baisse considérablement la tenue mécanique de toutes les argiles. La contrainte maximale de la matrice d'Argile Blanche de Bangéli baisse sensiblement. Elle passe de 15 MPa à l'état sec à 4 MPa à l'état humide (tableau 20 et figures 42 et 43).

- au-delà de 850°C, on distingue deux catégories d'argiles en fonction de l'influence de l'eau sur leur tenue mécanique :

• la catégorie d'argiles ne subissant aucun effet de l'eau : l'Argile Blanche de Bangéli et l'Argile Rouge de Guérin-Kouka ne subissent pratiquement pas l'altération par l'eau. Les courbes contraintes-déformations de ces argiles à l'état sec et à l'état humide se superposent presque parfaitement (voir figure 42 et annexe IV). L'aptitude à l'absorption de l'eau de ces argiles diminue au fur et à mesure que la température de cuisson augmente. Leur coefficient d'absorption d'eau baisse avec la température (tableau 18). Elles absorbent donc moins d'eau et présentent la même tenue mécanique à l'état sec et à l'état humide.

• la catégorie d'argiles très sensibles à l'eau : c'est le cas de toutes les autres variétés dont la tenue à la compression baisse sensiblement quelque soit la température à laquelle elles sont cuites (figure 43 et annexe IV). Elles absorbent, en effet, plus d'eau avec la température en raison des microfissures qui apparaissent à la surface des matrices lors de la cuisson.

Précisons néanmoins que l'aptitude à l'absorption de l'eau ne suffit pas à expliquer l'influence de l'humidité sur la tenue mécanique de la matrice. En effet, bien que les coefficients d'absorption d'eau des matrices d'Argile Blanche de Bangéli et d'Argile Rouge de Guérin-Kouka soient nettement plus élevés à 850°C qu'à 500°C (tableau 18), l'humidité est sans effet sur la matrice à 850°C alors qu'elle altère considérablement sa tenue mécanique à 500°C.

IV- ELABORATION DE MATRICES A BASE DE MELANGES D'ARGILES : MATRICES COMPOSEES

En dépit de sa tenue mécanique limitée, l'Argile Noire de Togblékopé présente un intérêt économique particulier en raison de l'importance de ce gisement. Cette raison nous a conduit à procéder à des combinaisons d'argiles dans l'optique de concevoir un matériau économiquement viable répondant aux critères des normes du Génie Civil. Le choix des argiles à additionner à l'Argile Noire de Togblékopé a porté sur :

▪ l'Argile Blanche de Bangéli et l'Argile Rouge de Guérin-Kouka pour leur bonne tenue mécanique et leur aptitude à la cuisson;

▪ l'Argile Rouge de Kouvé pour répondre à nos multiples interrogations sur le résultat de la combinaison de deux variétés d'argiles aux caractéristiques mécaniques moyennes.

IV-1. Elaboration de matrices composées

IV-1.1. Mélange d'argiles

Les mélanges d'argiles ont été effectués dans un rapport de 80% d'Argile Noire de Togblékopé et de 20% d'argile additive.

Les poudres d'argiles étuvées sont additionnées dans les proportions indiquées puis le mélange est placé dans un turbulat (appareil de mélange de poudres). L'homogénéisation complète du mélange est obtenue au bout d'une demi-heure.

Les matières premières issues de ces mélanges subiront le même processus et les mêmes conditions d'élaboration que les matrices précédemment confectionnées (figure 24).

IV-1.2. Aptitude à la cuisson des matrices composées

Les matrices issues des mélanges seront également cuites comme dans le cas des matrices pures à 500°C, 850°C et 1060°C pendant 24 heures. C'est à la cuisson qu'on remarque une variation profonde du comportement des matrices composées par rapport aux argiles pures :

- à 500°C les matrices composées ne présentent aucune particularité physique;
- à 850°C, ces matrices présentent un début de fissuration mais qui reste superficielle.
- à 1060°C, on observe une profonde fissuration des matrices. La taille des fissures des matrices composées atteint 1 à 2 mm d'ouverture et plus de 1 cm de profondeur (figure 44–c). Le fait paradoxal est qu'aucune fissure n'est observée à cette température sur les matrices de chacune des argiles, prise isolément. Elles présentent toutes une bonne aptitude à la cuisson. La figure 44 permet de comparer l'aspect physique de la matrice d'Argile Blanche de Bangéli à 1060°C (figure 44-a), de la matrice d'Argile Noire de Togblékopé à 1060°C (figure 44-b) et de la matrice composée d'un mélange de 20% de la première et de 80% de la seconde à la même température de cuisson (figure 44-c).

Argiles	Agrandissement x 4	Observations
a- Matrice d'Argile Blanche de Bangéli à 1060°C		▪ Surface très lisse, ▪ Début de vitrification; ▪ Coefficient d'absorption d'eau inférieur à 1g/cm^2.s$^{0.5}$. ▪ Matrice étanche et très compacte (ρ =2,44 g/cm^3). ▪ Taux de retrait à la cuisson de 11% à 1060°C.
b- Matrice d'Argile Noire de Togblékopé à 1060°C		▪ Surface présentant de petites écorchures. ▪ Aucune fissuration. Matrice d'assez bonne étanchéité. ▪ Coefficient d'absorption d'eau de 14g/cm^2.s$^{0.5}$; ▪ Masse vol. de 2 g/cm^3 et ▪ Taux de retrait à la cuisson de 2% à 1060°C.
c- 20% d'Argile Blanche de Bangéli + 80% d'Argile Noire de Togblékopé à 1060°C		▪ Coloration intermédiaire, ▪ Très grande fissuration de la matrice (taille des fissures : 2mm d'ouverture et 1cm de profondeur). ▪ Très mauvaise étanchéité et compacité. ▪ Impropre à l'élaboration de tuiles, voire de briques.

Figure 44 : Comparaison des matrices prises isolément et de la matrice composée à 1060°C : ABB (a), ANT (b), 20%ABB + 80% ANT (c)

IV-1.3. Interprétation de la fissuration des matrices à la cuisson

La principale explication à la fissuration des matrices composées d'argiles, initialement aptes à la cuisson, est la différence de comportement dilatométrique des argiles associées. En effet, au cours de la cuisson, la dilatation et le retrait de chaque argile s'effectue de manière différente en fonction sa teneur en éléments dilatants. La figure 45, donne les courbes dilatométriques d'une argile en fonction de sa teneur en calcaire [35]. On observe au-delà de 800°C, une profonde variation du comportement dilatométrique de l'argile en fonction de sa teneur en calcaire.

Les argiles étudiées proviennent de gisements différents et possèdent des teneurs en éléments dilatants variables. Le mélange n'étant pas très homogène, les agrégats des argiles associées subissent au cours de la cuisson une dilatation et un retrait différents en occasionnant la fissuration de la matrice. Les courbes dilatométriques de la figure 45 montrent que cette différence de dilatation et de retrait devient très importante à partir de 900°C. Ceci explique très bien le début de fissuration des éprouvettes à 850°C et une fissuration prononcée à 1060°C (figure 44-c).

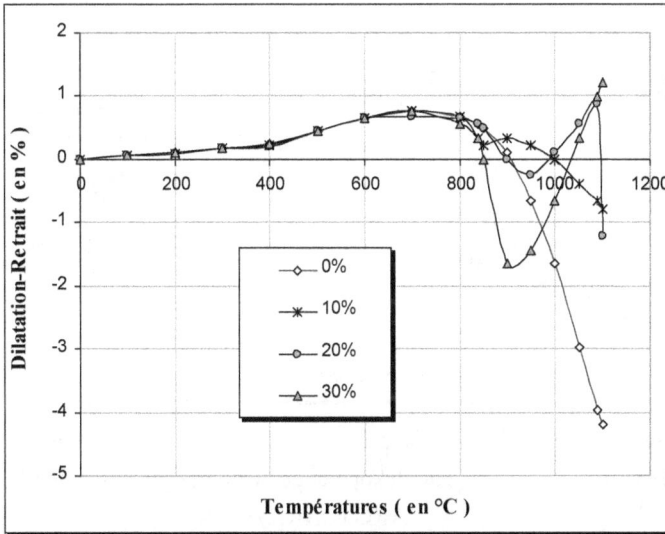

Figure 45 : Courbe de dilatation - retrait d'une argile illitique avec des teneurs en calcaire différentes [35]

IV-2. Caractérisation mécanique des matrices composées

IV-2.1. Résistance à l'état sec à 500°C et à 850°C

Les matrices composées ayant montré une très mauvaise aptitude à la cuisson au-delà de 850°C, seules les éprouvettes cuites à 500°C et à 850°C seront testées en compression. Les essais de compression ont été réalisés dans les mêmes conditions qu'au paragraphe II-1.1.

Résultats expérimentaux : La figure 46 donne les courbes de compression des matrices composées à l'état sec et le tableau 21, les caractéristiques résultantes.

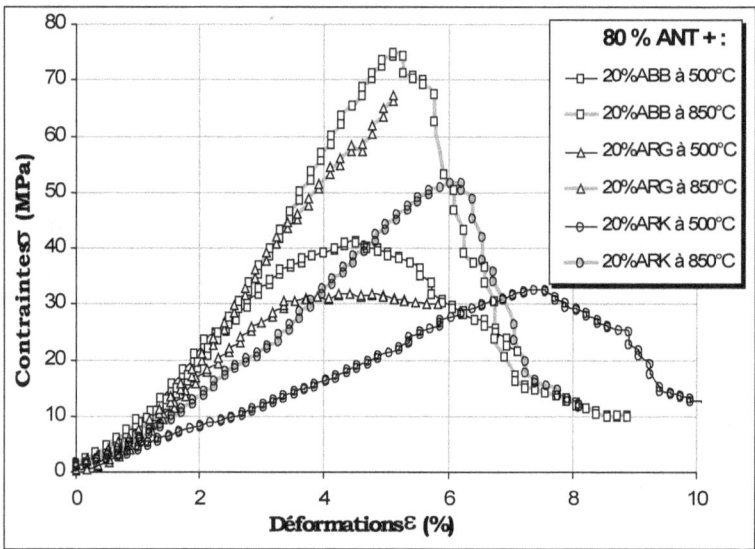

igure 46 : Courbes de compression des matrices de mélanges de 80%d'Argile Noire de Togblékopé et de 20% d'argile associée (ABB; ARG et ARK)

Tableau 19 : Propriétés mécaniques à l'état sec des matrices des mélanges de 80% d'Argile Noire de Togblékopé et de 20% d'argile associée à 500°C et 850°C

80%AN T +	PROPRIETES MECANIQUES A L'ETAT SEC									
	Contrainte maximale σ_{ms} (MPa)		Module de Young E (MPa)		Limite élastique σ_e (MPa)		Déformation à la limite élasti. ε_e (%)		Déformation à la contr. maxi. ε_m (en %)	
	500° C	850° C	500° C	850° C	500° C	850° C	500° C	850° C	500° C	850° C
20%AB B	40	75	1200	1800	37	75	3,5	5	4,5	5
20%AR G	32	70	900	1500	30	70	3	5	5	5
20%AR K	32	50	500	800	32	48	7	5,5	7	6

Les courbes contraintes-déformations et les résultats du tableau 21 montrent que les propriétés mécaniques des matrices composées sont déterminées par celles des argiles de base :

- à 500°C, la température de cuisson n'est pas assez élevée pour provoquer les transformations par lesquelles la matrice acquiert sa rigidité. La résistance mécanique du mélange dépend alors de celle de l'argile prédominante, c'est-à-dire de l'Argile Noire de Togblékopé. La contrainte maximale des matrices composées est pratiquement égale à celle de l'Argile Noire de Togblékopé à 500°C (tableau 19). Remarquons néanmoins que la contrainte maximale, dans le cas de l'ajout de l'Argile Rouge de Guérin-Kouka ou de l'Argile Rouge de Kouvé, reste légèrement inférieure à celle de l'Argile Noire de Togblékopé prise isolément.

- à 850°C, les argiles subissent les transformations qui les rendent plus compactes et plus rigides. Les propriétés mécaniques du mélange sont alors déterminées par l'argile qui acquiert une meilleure compacité à 850°C.

Les courbes contraintes-déformations de la figure 46 montrent par exemple qu'en ajoutant 20% d'Argile Blanche de Bangéli ou d'Argile Rouge de Guérin-Kouka, le mélange devenait élasto-fragile comme chacune de ces deux variétés prises isolément, en dépit de la prépondérance de l'Argile Noire de Togblékopé.

Les résultats du tableau 21 montrent également que la contrainte maximale de l'Argile Noire de Togblékopé devient égale à celle de l'Argile Blanche de Bangéli lorsque celle-ci est ajoutée dans un rapport de 20%. Dans le cas de l'ajout de l'Argile Rouge de Guérin-Kouka ou de l'Argile Rouge de Kouvé, la contrainte maximale de la matrice résultante est nettement plus élevée que celles des argiles associées.

En résumé, au-dessous de 500°C, l'ajout d'argiles est sans effet sur l'Argile Noire de Togblékopé.

En revanche, à 850°C, l'ajout d'Argile Blanche de Bangéli ou d'Argile Rouge de Guérin-Kouka augmente de 80% à 90% la contrainte maximale de l'Argile Noire de Togblékopé. Nous notons néanmoins la fissuration et l'apparition des brèches dans les matrices composées à cette température. Le mélange est particulièrement impropre à l'élaboration des tuiles mais l'application des normes des produits en argile cuite permettra de déterminer si ces matrices fissurées peuvent être utilisées en Génie Civil.

La cuisson des matrices composées au-delà de 850°C ne présente aucun intérêt en raison de l'importante fissuration qu'elles subissent.

IV-2.2. Résistance à l'état humide à 500°C et à 850°C

Après leur immersion durant 96 heures, les matrices composées ont été soumises à la compression suivant la norme NF P13-305.

Résultats expérimentaux : Les figures 47 et 48 donnent les courbes contraintes - déformations des matrices composées ARG + ANT et ARK + ANT à l'état humide et à l'état sec. Les courbes de la matrice composée ABB + ANT sont données à l'annexe V.

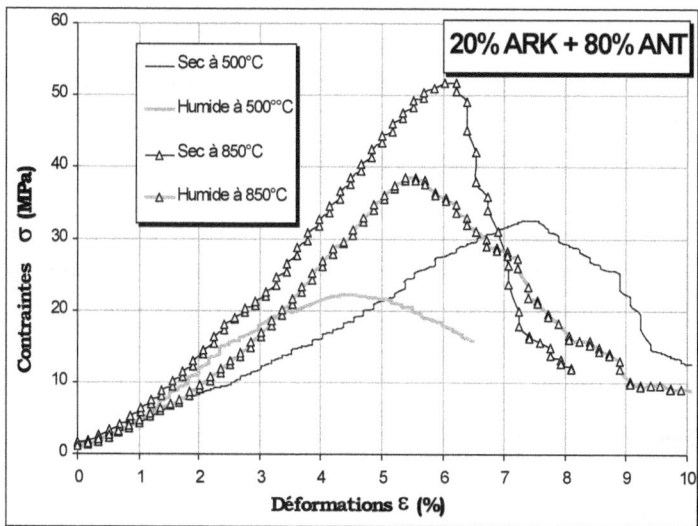

Figure 47 : Comparaison de la résistance mécanique de la matrice composée à l'état sec et à l'état humide : Cas du mélange de 20% ARG et de 80% ANT

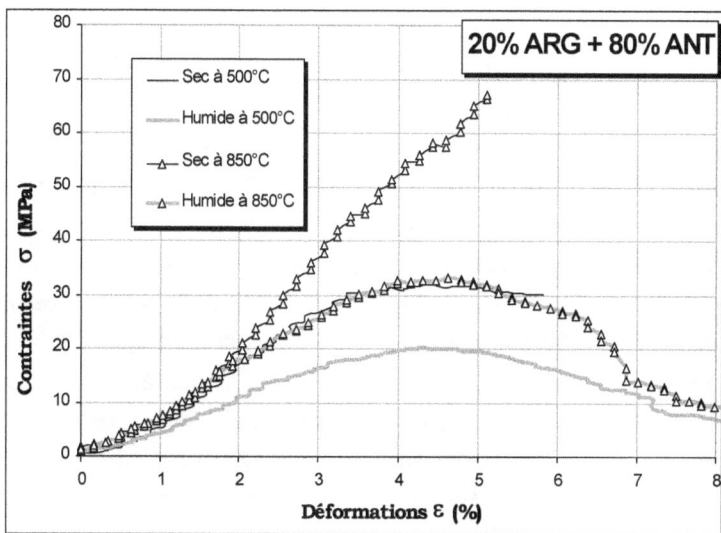

Figure 48 : Comparaison de la résistance mécanique de la matrice composée à l'état sec et à l'état humide : Cas du mélange de 20% ARK et de 80% ANT

Les courbes contraintes-déformations des matrices composées montrent également que les matrices humides ont un comportement élasto-plastique. Les caractéristiques mécaniques des matrices composées à l'état humide sont résumées dans le tableau 22.

Tableau 20 : Propriétés mécaniques à l'état humide des matrices constituées d'un mélange de 80%d'Argile Noire de Togblékopé et de 20% d'argile associée (Argile Blanche de Bangéli, Argile Rouge de Guérin-Kouka ou Argile Rouge de Kouvé)

80%ANT +	PROPRIETES MECANIQUES A L'ETAT HUMIDE									
	Contrainte maximale σ_{mh} (MPa)		Module de Young E (MPa)		Limite élastique σ_e (MPa)		Déformation à la limite élasti. ε_e (%)		Déformation à la contr. maxi. ε_m (en %)	
	500°C	850°C	500°C	850°C	500°C	850°C	500°C	850°C	500°C	850°C
20%ABB	20	60	1200	1800	20	50	2	4	2,5	5
20%ARG	20	35	600	900	15	30	2,5	3,5	4,5	4,5
20%ARK	20	40	500	800	18	40	3	5,5	4,5	5,5

A l'état humide, le comportement mécanique des matrices composées est également déterminé par celui de l'argile dont l'effet est prédominant :

- à 500°C, la contrainte maximale à l'état humide des différentes matrices composées est égale à celle de l'Argile Noire de Togblékopé à l'état humide (tableau 20). Cependant, le module élastique de ces matrices est bien différent de celui de la matrice d'Argile Noire de Togblékopé.

- à 850°C, la contrainte maximale des matrices composées est imposée par l'argile associée en raison des transformations de celle-ci. Ce comportement s'observe très bien dans le cas de l'ajout de l'Argile Blanche de Bangéli et peu évident dans les deux autres cas. Mais dans tous les cas, l'ajout de chaque variété d'argile à l'Argile Noire de Togblékopé confère à celle-ci une meilleure tenue mécanique à l'état humide.

V- CONCLUSION

Ce volet a permis de définir particulièrement le retrait au séchage et à la cuisson et la tenue mécanique des matrices à différents niveaux de températures de cuisson.

La corrélation du retrait et de la tenue mécanique de la matrice a permis de montrer qu'au-dessous de 500°C, l'Argile Noire de Togblékopé présente la meilleure résistance à la compression en raison de son important retrait au séchage.

Au-dessus de 500°C, les matrices d'argile subissent à la cuisson une profonde transformation appelée grésage et qui engendre le retrait à la cuisson. Au-dessus de 500°C, l'Argile Blanche de Bangéli et l'Argile Rouge de Guérin-Kouka subissent le plus important retrait à la cuisson et présentent les meilleures résistances à la compression. Les matrices de ces deux variétés d'argile acquièrent de plus en plus d'étanchéité au fur et à mesure que la température de cuisson s'élève. La résistance à l'état humide montre que l'humidité est presque sans effet sur la tenue mécanique de ces matrices au-delà de 850°C.

En revanche, les matrices de l'Argile Verte de Kouvé, de l'Argile Rouge de Kouvé et de l'Argile Rouge d'Albi-2 n'offrent qu'une faible résistance à la compression et présentent une mauvaise aptitude à la cuisson. Au-delà de 500°C, la température altère la résistance mécanique de ces matrices et accroît leur aptitude à l'absorption d'eau. Nous procéderons à l'élimination des matrices en soumettant les différents résultats de caractérisation aux critères normatifs.

Précisons aussi que l'Argile Noire de Togblékopé qui offre la meilleure résistance à la compression au-dessous de 500°C présente également une très mauvaise aptitude à la cuisson au-delà de 500°C. En effet, au-dessus de 500°C, la température altère considérablement sa résistance à la compression et accroît son aptitude à l'absorption d'eau.

Enfin, le mélange des argiles a révélé la grande incompatibilité entre les différentes variétés. L'ajout de l'Argile Blanche de Bangéli, de l'Argile Rouge de Guérin-Kouka ou de l'Argile Verte de Kouvé à l'Argile Noire de Togblékopé augmente certes la résistance à la compression de cette dernière, mais les matrices résultantes sont sujettes à une profonde fissuration due à la différence de leur teneur en éléments dilatants.

Une étude du comportement dilatométrique de ces argiles permettra d'optimiser la cuisson et de tirer parti de l'amélioration qu'apporte le mélange des différentes variétés.

CHAPITRE IV

CARACTERISATION PHYSICO-CHIMIQUE ET MECANIQUE DES FIBRES DE SISAL, DE KENAF ET DE JUTE

I- INTRODUCTION

L'intérêt écologique qu'offrent les fibres naturelles cellulosiques pourrait les destiner à être utilisées comme produit de substitution en remplacement des fibres synthétiques, mais la connaissance limitée de ces matériaux biodégradables limite leur utilisation. Les travaux de recherche portant sur les fibres naturelles cellulosiques du Togo visent à étendre leur utilisation en génie Civil.

C'est particulièrement pour leur emploi dans l'élaboration de produits de construction que ce chapitre est consacré à la caractérisation physico-chimique et mécanique de trois variétés de fibres du Togo (Annexe I) fournies par l'URMA. Ce sont précisément, les fibres de sisal, de kénaf et de jute.

Nous procéderons essentiellement à la détermination de la résistance à la traction des trois variétés de fibres afin de retenir la variété la plus résistante pour l'élaboration d'une structure composite.

II- PRESENTATION DE QUELQUES FIBRES VEGETALES

II-1. Présentation sommaire de quelques fibres végétales
Les fibres naturelles étudiées actuellement au laboratoire de l'URMA sont les suivantes :

- le sisal (*Agave*) (figure 49-a);
- le jute (*Corchorus*) (figures 49-b);
- le kénaf (*Hibiscus cannabinus*) (figures 49-c);
- le raphia (*Raphia Soudanica)* (figures 49-d) : ce sont des films d'enveloppes de feuilles de raphia *de* quelques dizaines de microns

d'épaisseur, de 5 à 10mm de large et de 1,5 à 2 mètres de long. Ces films enroulés présentent une très bonne résistance à la traction.

▪ Les fibres de baobab (*Andasonia Digitata*) (figures 50-a) : extraites du tronc de baobab, elles sont peu régulières et présentent un diamètre de 50 à 120 µm. Elles offrent une faible résistance à la traction.

▪ Les fibres de papayer (*Carica papaya*) (figures 50-b) : Comme les précédentes, elles constituent les couches concentriques formant le tronc du papayer. A l'état sec, ces fibres sont cassantes et peu résistantes à la traction. Les fibres de papayer ne se présentent pas sous forme de fibres unitaires mais sont régulièrement enchevêtrées (figures 50-b).

▪ Courgette ou éponge végétale (*Luffa Aegytiacal*) (figures 50-c) : Issues des capsules d'une plante rampante des zones tropicales, ces fibres constituent une structure spongieuse cylindrique de 5 à 10 cm de diamètre et de 15 à 30 cm de long.

▪ Fibres des capsules de baobab (figures 50-d) : Ce sont des fibres torsadées extraites des capsules de baobab.

La coise de coco (*Cocos nucifera*) : Ces fibres sont extraites de l'épaisse enveloppe de la noix de coco, une plante très répandue dans les régions côtières de la zone tropicale. La coise de coco est actuellement utilisée pour le renfort des structures composites en ciment destinées à la couverture [19].

a- Fibres de sisal (*Agave*) Φ : 80 μm- 150 μm	b- Fibres de jute (*Corchorus*) Φ :10 μm- 70 μm
c- Fibres de kénaf (*Hibiscus cannabinus*) Φ : 30 μm- 80 μm	d- Raphia (*Raphia Soudanica*)

Figures 49 : Présentation de quelques fibres naturelles cellulosiques

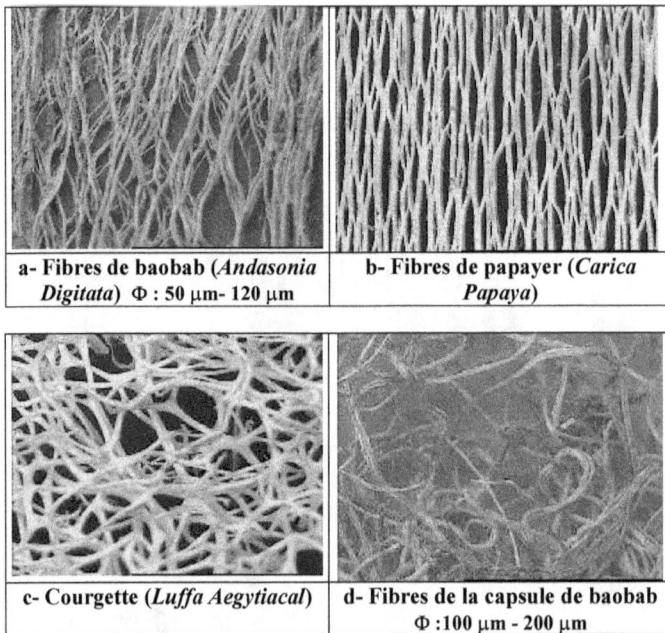

| a- Fibres de baobab (*Andasonia Digitata*) Φ : 50 μm- 120 μm | b- Fibres de papayer (*Carica Papaya*) |
| c- Courgette (*Luffa Aegytiacal*) | d- Fibres de la capsule de baobab Φ :100 μm - 200 μm |

Figures 50 : Présentation de quelques fibres naturelles cellulosiques

Compte tenu de leur aspect torsadé ou spongieux et de leur faible résistance à la traction, les fibres de papayer, de courgette et des capsules de baobab peuvent être utilisées pour l'élaboration de matériaux de rembourrage, d'isolation phonique, etc. Les fibres de sisal, de jute et de kénaf peuvent être utilisées dans le renfort de structures composites en raison de leur bonne résistance à la traction. La caractérisation physico-chimique et mécanique mentionnée dans la suite du document portera essentiellement sur ces trois variétés de fibres naturelles cellulosiques.

II-2. Les fibres de sisal, de kénaf et de jute

II-2.1. Fibres de sisal
Après défibrillation, le sisal se présente sous forme de fibres unitaires régulières dissociées les unes des autres. Elles sont obtenues par

défibrillation mécanique et présentent une surface plus propre et un aspect lisse avec une coloration blanche (figures 49-a).

L'observation au MEB de la section droite d'une fibre sèche de sisal (noyée dans la résine pour faciliter le polissage) permet d'observer sa structure (figures 51). Les

fibres sont globalement cylindriques mais très irrégulières et présentent un diamètre moyen de 80 à 150µm. Elles sont recouvertes d'une fine pellicule de l'ordre de 1 µm d'épaisseur. Chaque fibre est constituée d'un faisceau de microfibrilles soudées entre elles par des ciments pecto-ligneux (figures 51-a). Les microfibrilles sont des tubes hexagonaux de 5 à 10 µm de diamètre moyen (figures 51-b).

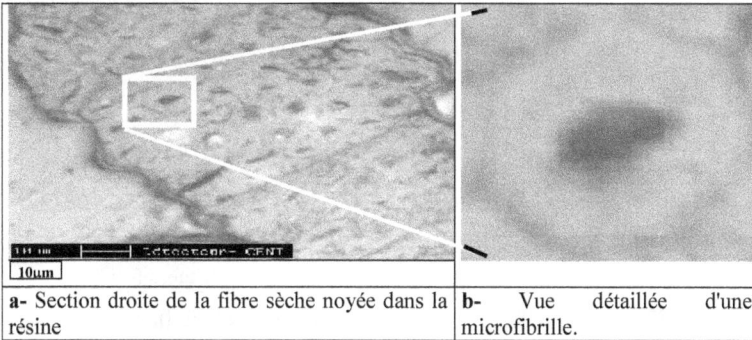

a- Section droite de la fibre sèche noyée dans la résine	b- Vue détaillée d'une microfibrille.

Figures 51 : Cliché MEB de la coupe transversale d'une fibre sèche de sisal : structure de la fibre (a) et vue détaillée d'une microfibrille (b)

II-2.2. Fibres de kénaf

La fibre de kénaf étudiée est extraite de l'écorce des plantes de kénaf dont les tiges de 25 à 30 mm de diamètre atteignent 3 à 4 mètres de haut au bout de trois mois après semis. Les fibres sont extraites à l'URMA suivant un traitement spécifique.

Protocole d'extraction : Les écorces, après être débarrassées de leur épiderme, sont cuites à ébullition dans une liqueur aqueuse à 1,5 % de soude. Elles sont ensuite lavées abondamment à l'eau, neutralisées à l'acide formique puis lavées à nouveau.

Les fibres de kénaf ne sont pas dissociées en fibres unitaires, elles sont liées les unes aux autres et forment une large mèche de fibres enchevêtrées.

Les figures 52 permettent d'observer la structure d'une fibre de kénaf. Les fibres sont formées de microfibrilles soudées entre elles par des ciments pecto-ligneux (figures 52-a). Les microfibrilles, de 10 à 15 µm de diamètre moyen, sont des faisceaux de tubes très fins (figures 52-b).

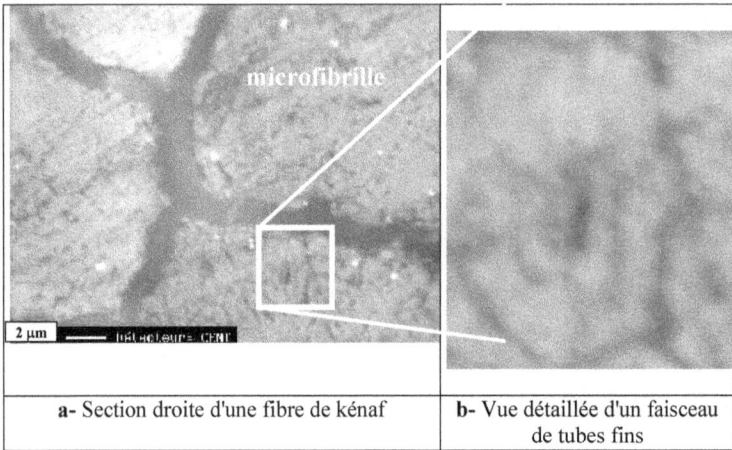

a- Section droite d'une fibre de kénaf	b- Vue détaillée d'un faisceau de tubes fins

Figures 52 : Cliché MEB de la coupe transversale d'une fibre de kénaf : section droite de la fibre (a) et vue détaillée d'un faisceau de tubes fins (b).

II-2.3. Fibres de jute

Une fibre de jute est constituée d'un faisceau de microfibrilles de 25 à 30 µm de diamètre associées les unes aux autres par des ciments pecto-ligneux (figures 53-a). Chaque microfibrille est constituée de plusieurs segments de 150 à 200 µm de long soudés bout à bout (figures 53-b). Le dégommage de la fibre par un traitement à la soude laisse apparaître les nœuds de jonction à l'intérieur des microfibrilles dissociées (figures 53-b).

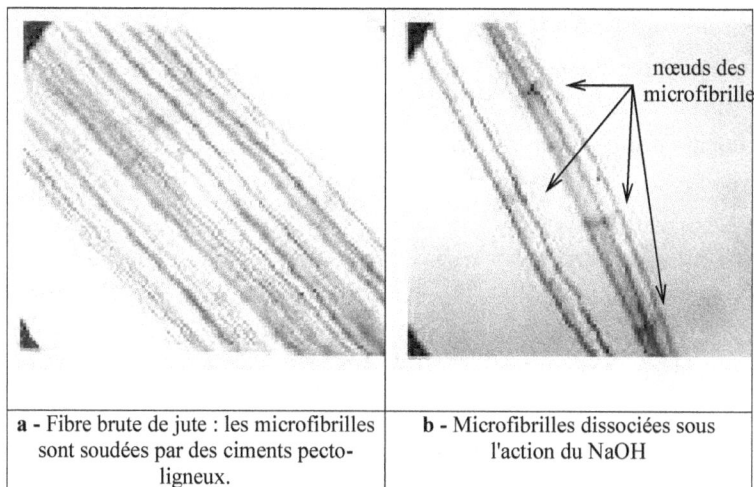

a - Fibre brute de jute : les microfibrilles sont soudées par des ciments pecto-ligneux.	b - Microfibrilles dissociées sous l'action du NaOH

Figures 53 : Structure de la fibre de jute (Observation au MEB (X40)).

III- CARACTERISATION PHYSICO-CHIMIQUE DES FIBRES

III-1. Détermination expérimentale de la densité absolue des fibres

On distingue deux méthodes de mesure de la masse volumique des fibres végétales [61]: les macromesures qui nécessitent au moins 1 gramme de matière fibreuse et les micromesures, qui permettent la détermination de la masse volumique sur quelques milligrammes de matière fibreuse. Les techniques de micromesure sont adaptées pour des mesures exigeant une grande précision et sont le plus souvent employées pour la détermination de la masse volumique des fibres textiles.

Parmi les macromesures, on distingue la détermination de la masse volumique des fibres végétales par emploi d'une balance hydrostatique et la détermination par emploi d'un pycnomètre [61].

III-1.1. Détermination de la densité par emploi d'une balance hydrostatique.

C'est également une méthode très utilisée lorsqu'il s'agit d'effectuer des mesures très précises de la masse volumique absolue. L'appareil utilisé est constitué essentiellement :

- d'une balance de précision (de $1/10^e$ de mg);
- d'une cuve thermostatée (au $1/10^e$ de degré) contenant un liquide de densité inférieure à celle de la fibre végétale à étudier et sans pouvoir gonflant ou solvant sur elle (exemple du benzène pour la soie ou la viscose rayonne).

Cette méthode permet des mesures précises et reproductibles de la masse volumique absolue des fibres textiles notamment en fonction de leur teneur en eau, variable selon l'humidité de l'atmosphère dans laquelle elles ont été conditionnées.

III-1.2. Détermination de la densité absolue des fibres par emploi du pycnomètre

C'est la méthode classique de détermination des densités des matières poreuses. Cette technique a déjà été utilisée précédemment dans le cas des matrices en argile (§ I-2 du chapitre I, partie 2). Pour les fibres, elle est peu adaptée à la réalisation de mesures précises. C'est néanmoins cette méthode que nous avons retenue pour la caractérisation des fibres en raison de sa bonne reproductibilité et de sa simplicité.

Protocole expérimental : La mesure est effectuée sur des mèches de fibres de sisal, de kénaf et de jute étuvés à 30°C pendant 24 heures. Comme déjà décrit dans la première partie, l'échantillon de fibres de masse sèche connue est placé dans un pycnomètre puis complété d'eau distillée. La matière est ensuite dégazée sous vide à l'aide d'une pompe à vide pendant 24 heures. Pour un meilleur dégazage, on procède régulièrement à une agitation de la matière à l'aide d'une baguette. La mesure de la masse du contenu du pycnomètre et de la masse d'un volume équivalent d'eau distillée permet de déterminer la masse volumique absolue des fibres à partir de l'équation 7.

Résultats expérimentaux : Les mesures effectuées en 10 essais par variété et dans les mêmes conditions sont reproductibles. Le tableau 23 donne les valeurs moyennes des densités déterminées sur les différentes fibres.

Tableau 21 : Masses volumiques absolues des fibres étudiées

Variétés de fibres végétales (Fibres étuvées à 30°C pendant 24 heures)	Masses volumiques absolues des fibres (g/cm^3)
Fibres de sisal	1,43
Fibres de kénaf	1,46
Fibres de jute	1,47

Ces résultats sont comparables aux données bibliographiques. Kalaprasad, Kuruvilla et Sabu [62] donnent pour le sisal par exemple une masse volumique absolue de 1,41 g/cm^3.

III-2. Taux de reprise d'humidité et taux d'absorption d'eau

Protocole expérimental :

Le taux de reprise d'humidité est déterminé en prélevant 20 grammes de fibres étuvées à 30°C pendant 24 heures. L'essai est effectué sur 10 échantillons de même variété. Les échantillons sont aérés et exposés à une atmosphère à 20°C dont l'humidité relative se situe au voisinage de 60 %. On contrôle, à l'aide d'une balance au 1/100^è, l'absorption d'humidité jusqu'à masse constante (au bout de 10 heures environ). Il est alors possible de connaître la reprise d'humidité de la fibre, c'est-à-dire la proportion d'humidité absorbée par 1 gramme de matière sèche dans une atmosphère à 60 % d'humidité relative.

Le taux d'absorption d'eau a été également déterminé sur 10 échantillons de chaque variété. Ce taux est déterminé en immergeant dans l'eau des échantillons de fibres étuvées (30°C pendant 24 heures). L'absorption d'eau devient saturée au bout de 72 heures d'immersion. Les échantillons sont alors retirés puis essorés. On peut alors connaître la quantité d'eau que peut absorber 1 gramme de matière sèche jusqu'à saturation.

Résultats expérimentaux : Le tableau 24 donne les taux de reprise d'humidité et d'absorption d'eau déterminés sur les trois variétés de fibres étudiées.

Tableau 22 : Taux de reprise d'humidité et d'absorption d'eau des fibres

Variétés de fibres	Valeurs moyennes	
	Taux de reprise d'humidité (en %)	Taux d'absorption d'eau (en %)
Sisal	10	60
Kénaf	12	90
Jute	9	50

III-3. Importance du prétraitement chimique des fibres végétales

La réalisation de structures composites à renfort de fibres naturelles cellulosiques [63] pose le problème d'adhérence à l'interface fibre-matrice pour différentes raisons:

• les fibres végétales, contrairement aux fibres synthétiques, sont recouvertes d'une couche de substance composée de graisses, de cires, de ciments pectoligneux et d'autres composés organiques qui sont peu compatibles avec la matrice polymère;

• la présence de groupements hydroxyles et de groupements polaires à la surface des fibres végétales les rendent hydrophiles et les matériaux réalisés sont très sensibles à l'humidité [64];

• les fibres sont par ailleurs généralement constituées de faisceaux de microfibrilles associées par la lignine, ce qui réduit la surface d'enrobage.

Le mauvais accrochage des fibres et de la matrice nuit ainsi à la tenue mécanique de la structure composite et rend les propriétés mécaniques de celle-ci plus hétérogènes que celles des composites à renfort de fibres synthétiques.

On remédie en partie à ces problèmes par des opérations de prétraitement des fibres. Celles-ci ont pour rôle de nettoyer leur surface par dégommage et délignification afin d'augmenter leur degré de fibrillation, c'est-à-dire la surface d'enrobage [65]. Le prétraitement doit être contrôlé pour éviter qu'il endommage la chaîne cellulosique de la fibre surtout lorsqu'il est poussé. C'est le cas précisément des traitements alcalins, bien connus des papetiers et des producteurs de fibres [18].

III-4. Prétraitement chimique des fibres

III-4.1. Prétraitement chimique à la soude, à la potasse et à l'acide acétique

Les différents traitements de délignification et de dégommage portent essentiellement sur les fibres de jute compte tenu de leur structure en faisceau de fibrilles et de la médiocre qualité de la surface de la fibre après l'extraction.

Protocole expérimental : Les fibres de jute ont subi des prétraitements chimiques à la soude, à la potasse et à l'acide acétique à différentes concentrations (0,01; 0,05; 0,1; 0,2; 0,5 et 1mol/l) et à des temps de contact variables (5mn; 15mn; 30mn et 1H 30mn) pour un meilleur choix du prétraitement adéquat.

Après chaque traitement, les fibres sont observées au MEB afin de contrôler le degré de dissociation des fibrilles et le niveau de dégradation de leur surface. Cette analyse est accompagnée de l'observation de la solution de traitement qui est plus ou moins colorée en fonction de la quantité de lignine dissoute.

Résultats des traitements : Les traitements montrent que les fortes concentrations (supérieures à 0,2 mol/l) de l'acide et des alcalis détériorent de façon plus ou moins importante les fibrilles des fibres. En revanche, pour de faibles concentrations (≤ 0,2 mol/l), la dissolution de la lignine et la dissociation des fibrilles sont plus ou moins marquées suivant la durée du traitement et sans altération des structures cellulosiques. Les prétraitements susceptibles de donner à la fibre une meilleure qualité sans risque de détérioration et de coupure de fibrilles sont essentiellement :

▪ le prétraitement à la soude à 0,1 mol/l pour un temps de contact de 20 à 30 minutes. Comparée à la fibre brute (fibre n'ayant subi aucun traitement chimique/figures 54-a), la fibre traitée à la soude est dissociée en fibrilles avec une surface délignifiée laissant apparaître de manière nette les nœuds (figures 54-b). La fibre traitée est ainsi constituée en grande partie de cellulose avec une surface d'accrochage plus importante, moins grasse, voire de meilleure mouillabilité.

- le prétraitement à la potasse à 0,2 mol/l pendant 30 minutes. Ce traitement donne également une bonne délignification et défibrillation de la fibre comme le montre les figures 54-c.
- le prétraitement à l'acide acétique à 0,2 mol/l pendant 60 à 90 minutes. On obtient une défibrillation de la fibre avec une faible délignification (figures 54-d). Les fibrilles restent couvertes de lignine et les résultats de ce traitement laissent penser que les lignines se dissolvent difficilement dans la solution d'acide acétique à la concentration indiquée.

Cette constatation se confirme lorsqu'on observe les solutions ayant servi au traitement. En effet la solution d'acide acétique reste incolore après le traitement contrairement aux solutions de soude et de potasse qui acquièrent la coloration jaune foncé par suite de la dissolution des lignines.

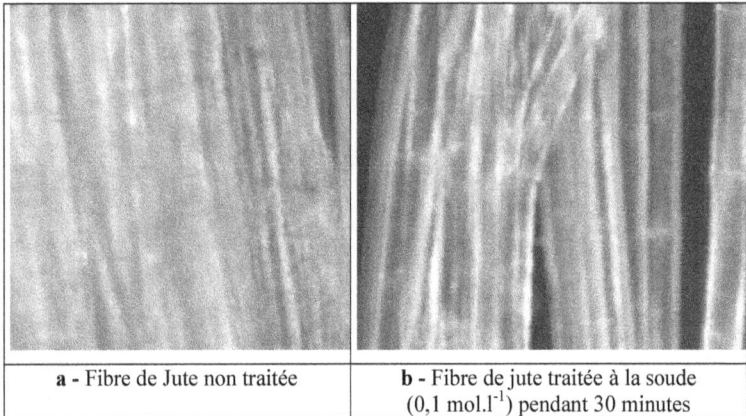

a - Fibre de Jute non traitée	**b** - Fibre de jute traitée à la soude $(0,1 \text{ mol.l}^{-1})$ pendant 30 minutes

Figures 54 : Différents niveaux de délignification du jute : non traité (a), traité à la soude (b), (Observation MEB: X 40).

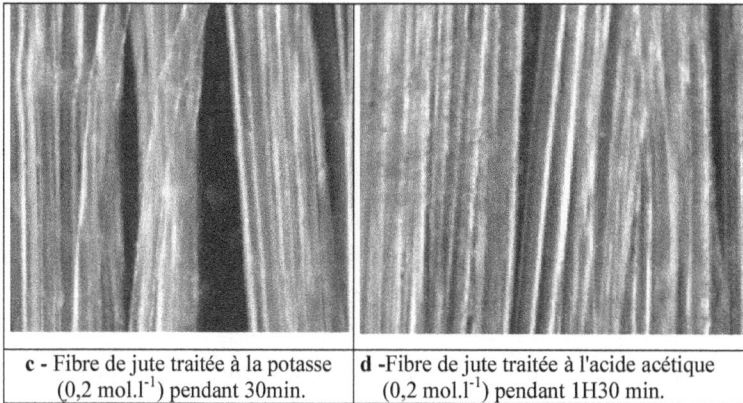

| c - Fibre de jute traitée à la potasse (0,2 mol.l⁻¹) pendant 30min. | d -Fibre de jute traitée à l'acide acétique (0,2 mol.l⁻¹) pendant 1H30 min. |

Figures 55 : Différents niveaux de délignification du jute : traité à la potasse (c) et à l'acide acétique (d). (Observation MEB: X 40).

Les prétraitements à la soude et à la potasse donnent les meilleurs résultats mais nous préconisons un prétraitement à la soude pour son utilisation très répandue et mieux maîtrisée dans l'industrie papetière pour la fabrication de la pâte à papier [33].

III-4.2. Avantages du prétraitement des fibres à la soude

Des essais de déchaussement de fibres (essai pull out) menés par Navin Chand [63] ont montré que le prétraitement des fibres de sisal à la soude améliorait leur adhésion avec la matrice en résine polyester. Selon ces travaux, cette amélioration serait due à la création d'un accrochage mécanique à l'interface fibre-matrice.

Des travaux similaires menés par Arumugam [66] ont également mis en évidence l'amélioration de l'accrochage des fibres de coco (coise) avec la matrice polymère.

Mani et Satyanarayana [67] obtiennent les mêmes résultats sur les fibres de coise avec la matrice mais constatent une diminution de la résistance mécanique des fibres due à l'action de la soude.

Bisanda [68] a montré que des matériaux composites renforcés par des fibres de sisal préalablement nettoyées au benzène et à l'alcool, puis traitées à la soude, résistent mieux à l'absorption de l'eau.

Les fibres peuvent être préalablement nettoyées à l'eau oxygénée puis traitées à la soude en faible concentration afin de provoquer leur gonflement [65] par élimination de l'hémicellulose [69].

III-5. Quelques traitements chimiques des fibres naturelles cellulosiques
Après les opérations de prétraitement (dégommage, délignification, défibrillation), les fibres subissent des traitements chimiques proprement dit en vue d'accroître leurs propriétés mécaniques et physico-chimiques. Ces traitements spéciaux n'ont pas été envisagés dans ce travail. Mais nous présentons très succinctement quelques travaux rencontrés dans la littérature et qui portent essentiellement sur le dépôt de polymères sur les fibres cellulosiques et sur l'utilisation des agents de pontage.

III-5.1. Dépôt de polymères
Sridhar [70] a enrobé des fibres de jute d'une solution de lignine (polymère naturel contenu dans les fibres végétales) et les a imprégné ensuite dans la résine polyester. Ceci a permis de diminuer l'absorption de la résine par les fibres.

Mani et Satyanarayana [67] ont effectué des essais similaires sur des fibres de sisal, de coise, de jute et de banania. Ce traitement met en évidence la diminution de la reprise d'humidité du composite réalisé.

Varma [71] a traité les fibres par une solution mixte de polyester et de méthyl-éthyl-cétone et a mis en évidence la baisse de l'absorption d'eau du composite.

Quant à Abou-Zeid [31], il a réussi à greffer des monomères vinyliques sur des fibres de lin.

III-5.2. Agents de pontage

Les travaux de Anantha Krishnan [64] sur les fibres de jute et de Manika Varma [72] sur les fibres de coise ont révélé que l'utilisation des agents de pontage tels que le silane, abaisse de 10 % le module élastique et de 25 % la ténacité des fibres.

En revanche les traitements de pontage réalisés par Mani et Satyanarayana [67] ont mis en évidence une augmentation de 30 % de la contrainte de rupture et de 9 % du module élastique à la traction.

Des traitements similaires effectués par Carrasco, Kokta, Arnau et Pagès [73] sur des fibres de bois augmentent de 4 fois leur résistance à l'humidité avec une contrainte de rupture à la traction deux fois plus importante.

Bisanda et Ansell [68] montrent également que des structures composites à matrice époxy renforcée de fibres de sisal initialement traitées par des agents de pontage, deviennent plus résistantes en compression et à la reprise d'humidité.

Selon le traitement et les composés chimiques utilisés, les propriétés mécaniques et physico-chimiques des fibres se trouvent ainsi diminuées ou augmentées.

IV- CARACTERISATION MECANIQUE DES FIBRES

L'objectif de ce volet est de déterminer les caractéristiques mécaniques des différentes fibres végétales étudiées. L'essai mécanique envisagé est l'essai de traction sur une machine universelle de traction. Mais la traction d'une mèche de fibres pose des problèmes d'ordre technique à savoir les difficultés de serrage dans les mors de la machine, l'inégale répartition des contraintes de traction sur les fibres unitaires et l'alignement des fibres. En effet, dans une mèche, les fibres sont entremêlées et sont inégalement tendues pendant la traction. La rupture des fibres est donc différée et la contrainte maximale de rupture atteinte reste inférieure à la contrainte maximale réelle de la mèche. La traction d'une mèche devient également plus difficile lorsqu'il s'agit des mèches de fibres de kénaf qui se présentent sous forme de mat de fibres tissées.

Pour pallier ces problèmes, les fibres sont enrobées dans un support de résine qui assure un transfert uniforme de la charge vers les fibres. Les essais sont alors effectués sur des plaques composites à matrice polymère dont les caractéristiques mécaniques sont parfaitement déterminées. Celles des fibres sont déduites à partir de la loi des mélanges.

IV-1. Mise en œuvre de plaques composites à matrice polymère et à renfort de fibres naturelles cellulosiques
IV-1.1. Réalisation d'un mât de fibres végétales
Les fibres à étudier sont préalablement traitées à la soude puis peignées et triées. Un échantillon de fibres est prélevé et étalé en nappe en disposant les fibres parallèlement les unes aux autres. Elles sont alors maintenues à leur bord par une bande. La mèche de fibres unidirectionnelles ainsi réalisée est étuvée à 30°C pendant 24 heures en raison du taux de reprise d'humidité élevé des fibres (taux de 9 à 12 %).

Il est important de procéder immédiatement à l'enrobage de la mèche. En effet, les fibres végétales portent à leur surface des groupements hydroxyles

OH⁻ qui les rendent hydrophiles. Elles absorbent l'humidité de l'air. Ce qui nuit à la polymérisation de la résine à l'interface fibre-matrice [20] avec un faible transfert des contraintes à la traction.

IV-1.2. Mise en forme des plaques composites

Les plaques composites sont obtenues par pressage dans un moule métallique. La figure 56 montre le dispositif de mise en forme des plaques composites unidirectionnelles. La mèche de fibres étuvées de masse M_f est maintenue sous tension puis disposée dans le creux du moule, le tout placé dans une enceinte sous vide. Les fibres sont ensuite enrobées dans la résine thermodurcissable. La polymérisation de la résine s'effectue sous vide et sous pressage à l'intérieur du moule (figure 55). On obtient ainsi une plaque de stratifié, unidirectionnelle, d'épaisseur uniforme et de masse M_s.

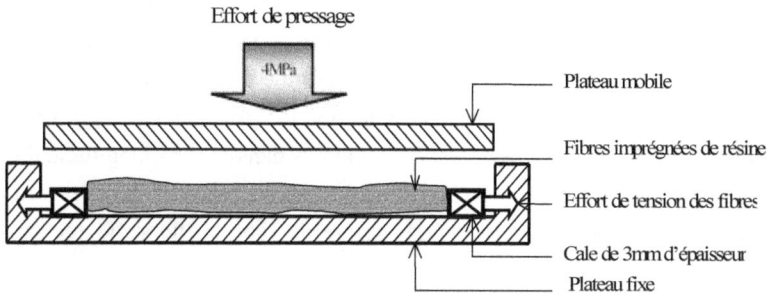

Figure 56 : Dispositif de mise en forme de plaques composites par pressage sous vide

Le volume relatif ou taux volumique des fibres du stratifié ainsi obtenu est donné par la relation [39] :

$$V_f = \cfrac{\dfrac{M_f}{\rho_f}}{\left[\dfrac{M_f}{\rho_f} + \dfrac{M_m}{\rho_m}\right]} \qquad \text{Eq. 56}$$

ρ_m et ρ_f désignent respectivement la masse volumique de la matrice et celle des fibres étuvées.

La masse de la matrice est donnée par : $M_m = M_s - M_f$

La masse volumique de la résine époxy ayant servi à l'enrobage des fibres est de 1,08 g/cm^3. Les masses volumiques des différents renforts sont données dans le tableau 23. Le volume relatif de fibres des stratifiés qui seront testés en traction est donné au tableau 25.

Précisons néanmoins que cette mesure de V_f suppose que la porosité de la structure est nulle, ce qui est peu exact.

En effet, les pores dans les fibres ne sont pas remplis de résine en raison de la grande viscosité de celle-ci. Le procédé de fabrication de ces stratifiés reste plus ou moins parfait. Le contrôle du taux de fibres et leur orientation par exemple n'est pas toujours évident et parfait.

IV-2. Essai de traction

IV-2.1. Essai de traction d'éprouvettes composites unidirectionnelles

Les éprouvettes composites taillées dans la plaque du stratifié sont poncées puis testées en traction sur une machine universelle de traction.

Protocole expérimental : L'éprouvette, de forme plate, est serrée dans les mors de la machine puis soumise à la traction dans le sens des fibres jusqu'à la rupture. Deux extensomètres montés dans le sens longitudinal et transversal permettent de mesurer les déformations relatives dans les deux sens. Pour les différents renforts, la rupture de l'éprouvette s'effectue sans déchaussement de fibres.

Résultats expérimentaux : La figure 57 donne les courbes contraintes-déformations des différents stratifiés testés en traction.

Le matériau composite présente en traction un comportement élastique linéaire. Contrairement à la matrice, ces structures composites présentent également une rupture presque fragile en raison de la rigidité des fibres.

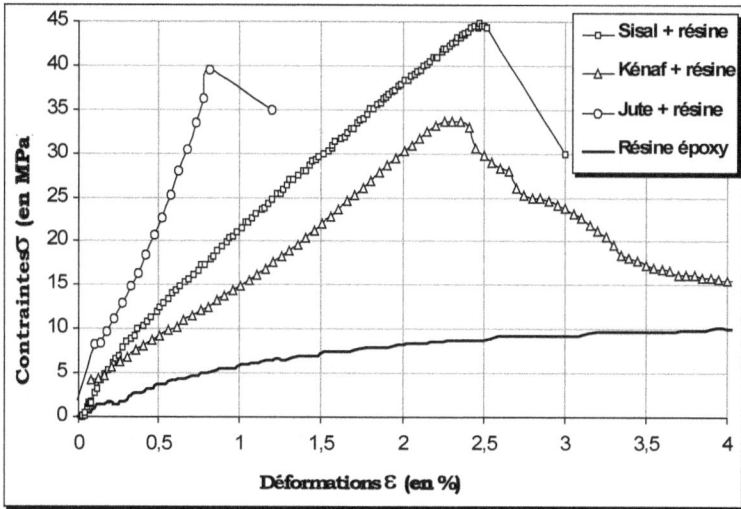

Figure 57 : Courbes de traction d'éprouvettes composites à matrice
polymère et à renfort de fibres naturelles cellulosiques

IV-2.2. Propriétés mécaniques de l'unidirectionnel

Précisons que la matrice en résine époxy utilisée présente de très faibles
propriétés mécaniques. Ceci présente l'avantage de mettre en évidence les
caractéristiques mécaniques des fibres.

Tableau 23 : Propriétés mécaniques du composite à matrice époxy et à renfort de sisal, de kénaf et de jute

| | Propriétés mécaniques du composite et de la matrice | | | |
| | Structure composite renforcée de fibres de : | | | Matrice en Résine |
	sisal	kénaf	jute	époxy
Taux volumique de fibres: Vf	20%	24%	24%	0%
Contrainte maxi: σmax (MPa)	26 - 30	27 - 34	40	10
Module de Young : E (MPa)	1700 - 1900	1200 - 1400	3000 - 3200	600
Coefficient de Poisson : ν	0,45 - 0,46	0,4 - 0,45	0,4 - 0,45	0,5
Limite élastique: σe (MPa)	26 - 30	27 - 34	40	6 - 7
Déformation à la limite élastique: εe (en %)	2,5	2,4 - 2,5	0,8 - 1	1,3 - 1,5

IV-2.3. Propriétés mécaniques des fibres végétales

Connaissant les propriétés mécaniques du composite et de la matrice (tableau 25), nous pouvons déduire celles des fibres à partir des relations mathématiques.

La traction de l'unidirectionnel s'effectue suivant le sens des fibres comme le montre la figure 57.

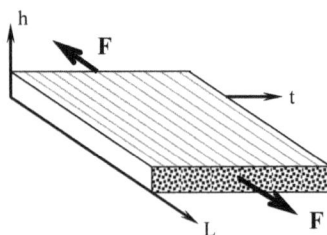

Figure 58 : Traction de l'unidirectionnel suivant le sens des fibres (sens longitudinal)

Les propriétés mécaniques des fibres suivant le sens L sont alors déterminées en appliquant la loi des mélanges [74].

- La contrainte maximale des fibres σ_{fmax} est déduite de l'équation :

$$\sigma_{cmax} = \sigma_{fmax}.V_f + \sigma_{mmax}.(1 - V_f) \qquad \text{Eq. 57}$$

σ_{cmax} et σ_{mmax} désignent respectivement la contrainte maximale du composite et de la matrice suivant L et V_f le volume relatif des fibres.

- Le module de Young des fibres E_f suivant le sens longitudinal est déduit de l'équation :

$$E_c = V_f.E_f + (1 - V_f).E_m \qquad \text{Eq. 58}$$

E_c et E_m désignent respectivement le module de Young du composite et de la matrice suivant L.

- Le coefficient de Poisson des fibres ν_f suivant le sens longitudinal est déduit de l'équation:

$$\nu_c = V_f.\nu_f + (1 - V_f).\nu_m \qquad \text{Eq. 59}$$

ν_c et ν_m désignent respectivement le coefficient de Poisson du composite et de la matrice suivant L.

- La déformation à la limite élastique des fibres ε_{ef} suivant le sens longitudinal vaut:

$$\varepsilon_{ef} = \varepsilon_{ec} \qquad \text{Eq. 60}$$

ε_{ec} désignant la déformation à la limite élastique du composite.

Le tableau 26 donne les propriétés mécaniques des fibres déduites à partir des données du tableau 25 et des équations de la loi des mélanges.

Tableau 24 : Propriétés mécaniques du sisal, du kénaf et du jute

	Propriétés mécaniques moyennes des fibres végétales		
	SISAL	KENAF	JUTE
Contrainte maxi σ_{max} (MPa)	550 - 600	100 - 110	160 - 180
Module de Young E (MPa)	6.000 - 7.000	3.500 - 4.000	10.000 - 11.000
Coefficient de Poisson ν	0,25 - 0,3	0,1 - 0,3	0,1 - 0,3
Limite élastique σ_e (MPa)	500	100	160
Déformation à la limite élastique ε_e (en %)	2,5	2,4 - 2,5	0,8 - 1
Déformation à la rupture ε_r (en %)	2,5 - 3	3,5 - 4	1 - 1,5

Les propriétés mécaniques déterminées sur les fibres de sisal sont très proches de celles rencontrées dans la littérature :

▪ les données bibliographiques [26, 27, 28, 29, 30, 31] du tableau 2, donnent par exemple, pour le sisal, une contrainte maximale comprise entre 507 et 580 MPa, un module de Young de 16.700 MPa et une déformation à la rupture de 2 à 4,3 %.

▪ Kalaprasad, Kuruvilla et Sabu [62] donnent également pour le sisal, une contrainte maximale comprise entre 400 et 700 MPa; un module de Young compris entre 9.000 et 20.000 MPa. Mais ils trouvent une déformation à la rupture comprise entre 5 et 14% contre seulement 3 %, d'après nos résultats expérimentaux.

Mais pour le jute, les caractéristiques mécaniques du tableau 2 et celles données par Tripathy [75] sont largement supérieures à celles que nous avons obtenues. Nous pensons que la variété étudiée est probablement différente de celle dont les caractéristiques ont été répertoriées à travers la bibliographie.

La rareté des données scientifiques sur les fibres de kénaf ne nous a pas permis de comparer nos résultats à ceux des autres chercheurs. Précisons néanmoins que depuis quelques années, cette plante tropicale fait sont entrée sur le marché américain [76; 77; 78; 79; 80] et intéresse plus d'un chercheur.

V- CONCLUSION

Ce chapitre avait pour but de déterminer la résistance à la traction des différentes variétés de fibres. Nous avons rencontré quelques difficultés techniques lors des tests de traction. La traction d'une mèche de fibres présente des difficultés de serrage dans les mors de la machine et engendre une inégale sollicitation des fibres. Quant à la traction d'une fibre unitaire, l'essai exigeait un équipement approprié. Ces difficultés techniques nous ont conduit à procéder à l'enrobage des fibres dans une matrice en résine époxy. La traction d'une éprouvette composite unidirectionnelle offre l'avantage d'un transfert uniforme de la charge, de la matrice aux fibres. Mais un transfert uniforme et efficace de la charge est conditionné par la qualité de l'adhérence à l'interface fibre-matrice.

En effet, les fibres végétales portent à leur surface des groupements hydroxyles qui les rendent hydrophiles. Elles absorbent une quantité importante de l'humidité. Celle-ci nuit à la polymérisation de la résine à l'interface fibre-matrice. Les fibres sont de surcroît recouvertes d'une pellicule formée de lignine et de graisses et qui nuit également à l'accrochage de la matrice et du renfort.

Cette constatation nous a amené à procéder à des traitements chimiques en vue du dégommage et de la délignification des fibres. Parmi les différents composés chimiques employés, le traitement à la soude concentrée à 0,1 mol/l offrait une délignification efficace sans détérioration des fibres.

Les essais de traction effectués sur des unidirectionnels à renfort de fibres traitées à la soude et étuvées et sur des éprouvettes en résine ont permis de relever les propriétés mécaniques du composite et de la matrice. Par la loi des mélanges, nous avons pu en déduire les propriétés mécaniques des fibres.

Il en résulte que les fibres de sisal présentent 5 à 6 fois la contrainte maximale de traction des fibres de kénaf et 3 à 4 fois celle du jute.

Même si la procédure de caractérisation adoptée ("caractérisation inverse") reste discutable, elle a permis d'obtenir des résultats qui sont proches de ceux rencontrés dans la littérature.

CHAPITRE V

SYNTHESE DES RESULTATS ET APPLICATION A
L'ELABORATION D'UNE STRUCTURE COMPOSITE A
MATRICE D'ARGILE ET A RENFORT DE FIBRES
NATURELLES CELLULOSIQUES: TUILE VERTE

I- INTRODUCTION

Les essais de caractérisation ont montré que les différentes matrices
d'argile offrent des propriétés physiques et thermomécaniques plus ou
moins performantes selon la variété d'argile et la température de cuisson.

Pour définir la gamme des matrices susceptibles d'être utilisées dans
l'élaboration des tuiles et briques, les différentes matrices étudiées doivent
être préalablement soumises au contrôle des normes sur les produits de
construction en argile cuite.

Le premier volet de ce chapitre sera consacré à la validation des matrices
en vue de définir d'une part, la gamme des matrices utilisables et de
procéder d'autre part à leur hiérarchisation du point de vue de leur
résistance mécanique. Ceci offre une gamme variée de matériaux que le
professionnel choisira en fonction des applications. Cette hiérarchisation
permettra de déduire particulièrement la matrice la plus résistante au-
dessous de 500°C. Le renfort de la matrice de cette argile par les fibres les
plus résistantes permettra d'élaborer une structure composite verte aux
propriétés mécaniques répondant aux normes sur les produits de
construction.

Le second volet sera alors consacré à l'élaboration d'un matériau composite
vert à matrice d'argile et à renfort de fibres naturelles cellulosiques aux
intérêts économiques et écologiques indéniables.

II- SYNTHESE DES RESULTATS DE CARACTERISATION DES ARGILES

II-1. Validation des résultats par les normes des matériaux en argile cuite
Les spécifications des normes pour briques et tuiles ont été présentées par le Centre pour le Développement Industriel dans "bloc de terre comprimée – choix du matériel de production" Ces spécifications regroupent les tolérances sur les dimensions, la masse volumique et les défauts de la matrice (planéité des surfaces, feuilletage-clivage, brèches, fissures, fendillements, etc.) et sur sa résistance à la compression à l'état sec et à la compression à l'état humide. D'autres spécifications portant sur le contrôle de la matrice à l'absorption de l'eau sont définies par " la norme pour briques en terre cuite " (NF P 10-305) [17].

II-1.1. Contrôle des spécifications liées aux propriétés physiques de la matrice
II-1.1.1 Contrôle des matrices des argiles cuites entre 500°C et 1060°C
Lorsqu'elles sont cuites entre 500°C et 1060°C, les propriétés physico-chimiques des matrices des argiles étudiées répondent valablement aux spécifications et recommandations du C.D.I :
- Masse volumique des briques
la masse volumique fraîche minimale au démoulage doit être de **1,87g/cm³**
la masse volumique fraîche conseillée est de **2,2 g/cm³**
la masse volumique sèche minimale doit être de **1,7 g/cm³**
la masse volumique sèche conseillée est de **2 g/cm³**
La masse volumique sèche minimale mesurée sur les différentes matrices étudiées est de 1,84 g/cm³ (tableau 16). Les éprouvettes des différentes matrices d'argile ont été élaborées de préférence à 2±0,1 g/cm³. Ce qui correspond à une pression de mise en forme de 8MPa pour une teneur en eau des pâtes de 18 %.
- Tolérances sur les dimensions
sur la longueur : **+1, -3 mm**
sur la largeur   : **+1, -2 mm**

sur la hauteur : **+2, -1 mm.**

- Planéité des surfaces

la flèche ne doit pas dépasser **1mm** sur les côtés latéraux, elle ne doit pas dépasser **3mm** sur les surfaces de compression

- Planéité des arêtes

la flèche ne doit pas dépasser **2mm**

la rugosité des arêtes est admise lorsqu'elle est due au démoulage. Celle provenant d'une mauvaise manipulation n'est pas tolérée.

- Obliquité des surfaces

les faces des briques peuvent être légèrement obliques si les recommandations des tolérances et formes sont respectées.

Précisons à titre indicatif que dans le cas des blocs évidés ou creux, les faces intérieures des évidements doivent être de préférence obliques (en présentant un angle de démoulage) et les vides intérieurs ne doivent pas présenter d'angle vif.

- Feuilletages et clivages

les feuilletages et clivages ne sont tolérés sur aucune face.

- Fissures, fendillements, crevasses, brèches

les microfissures sont tolérées sur toutes les faces. En revanche, les macrofissures ne peuvent se présenter que sur des faces non exposées. Cependant, leur largeur ne doit pas dépasser **1mm** et leur longueur, **10mm**.

- Ecornures

les écorchures dont la largeur d'empiétement et la profondeur ne dépassent pas les **10mm** sont tolérées.

II-1.1.2 Contrôle des matrices à base de mélanges d'argiles

La validation des matrices composées a été effectuée en tenant à la fois compte des spécifications des normes et des recommandations du C.D.I. et de l'objectif que visait l'approche de mélange d'argiles (amélioration des propriétés mécaniques de l'Argile Noire de Togblékopé dont les coûts d'approvisionnement sont très abordables).

- à 500°C, les matrices composées (80%ANT+20%ABB, 80%ANT+20%ARG, 80%ANT + 20%ARK) répondent largement aux spécifications énumérées au paragraphe précédent. Mais le mélange d'argiles ne présente aucun intérêt à cette température. En effet, au-dessous de 500°C, les argiles ne subissent aucune transformation de compacité et la tenue mécanique de la matrice résultante est imposée par l'argile prédominante, c'est-à-dire l'Argile Noire de Togblékopé. Les matériaux à base de l'Argile Noire de Togblékopé seule sont donc préférables à ceux résultant de l'ajout d'une quelconque variété d'argile.

- au-delà de 850°C, les argiles additives augmentent considérablement la tenue mécanique de l'Argile Noire de Togblékopé, mais l'incompatibilité des argiles associées occasionne la fissuration et le fendillement des matrices résultantes.

- A 850°C, les matrices présentent des fissures pouvant atteindre 10mm de profondeur et 1mm de largeur. A 1060°C, les fissures atteignent 2 mm de large, 15mm de profondeur et 20 à 30 mm de longueur (figure 44-c).

Ces matrices ne répondent donc pas aux spécifications de tolérance sur les fissures, les fendillements, les crevasses, les brèches et les écorchures et ne peuvent être employées comme matériaux de construction (briques ou tuiles).

Mais compte tenu de la bonne tenue mécanique que présentent ces matrices, l'étude dilatométrique de chacune des variétés d'argiles peut permettre de définir un diagramme de cuisson adapté permettant de venir à bout de ces défauts.

II-1.2. Contrôle des matrices à l'absorption capillaire : Norme pour briques en terre cuite – NF P 10-305.

Le test de contrôle d'absorption d'eau par capillarité a été établi par la " Norme pour briques en terre cuite " (NF P 10-305) [17]. Cette norme recommande, pour les briques en argile cuite, un coefficient d'absorption capillaire compris entre 30 et 80 $g/cm^2.s^{1/2}$, selon le procédé de fabrication. Les valeurs extrémales du coefficient ne doivent pas s'écarter de plus de 20% de la valeur moyenne. Lorsque la valeur moyenne est inférieure à 15 $g/cm^2.s^{1/2}$, l'écart maximal admis est de 3 $g/cm^2.s^{1/2}$.

Dans les conditions expérimentales définies par la norme NF P 10-305, la valeur maximale du coefficient d'absorption mesurée est de 14 $g/cm^2.s^{1/2}$ (tableau 18). Les mesures sont reproductibles et, sur un lot de 10 éprouvettes par variété d'argile et par température de cuisson, l'écart entre la mesure minimale et la mesure maximale ne dépasse pas 2 $g/cm^2.s^{1/2}$. Ce qui satisfait valablement les exigences de la norme sur l'absorption capillaire.

Précisons que ce contrôle n'a pas été effectué sur les matrices composées. En effet, l'essai perd son sens dans le cas des mélanges d'argiles en raison de la fissuration de la matrice.

II-1.3. Contrôle des matrices d'argile à la tenue mécanique

Bien que le C.D.I ait appliqué ce contrôle sur des blocs de terre comprimée, la quasi-inexistence d'une norme standard nous a conduit à appliquer ce contrôle aux matrices d'argiles cuites.

Le contrôle de la résistance des matrices à la compression tient à la fois compte de la résistance des matrices à l'état sec et à l'état humide et du degré d'altération de sa tenue mécanique par absorption d'eau :

- **Résistance à la compression à sec.** L'essai de compression doit être réalisé sur 5 blocs de même type. La contrainte moyenne doit être supérieure à **2,4 MPa** avec aucune valeur inférieure à **2 MPa**.

Les tests de compression réalisés sur les différentes matrices d'argile ont montré que la contrainte maximale la plus faible est de **15 MPa** (tableau 19). Cette contrainte est donc largement supérieure à la valeur recommandée par le C.D.I.

- **Résistance à la compression humide**. L'essai doit également être réalisé sur 5 blocs de même type après immersion. La contrainte moyenne doit être supérieure à **1,2 MPa** avec aucune valeur inférieure à **1,0 MPa**. La plus faible contrainte maximale enregistrée sur les différentes matrices d'argile à l'état humide est de 4MPa (tableau 20).

- l'humidité ne doit pas diminuer la contrainte maximale à la compression à sec de plus de sa moitié.

Soit $\dfrac{\sigma_{mh}}{\sigma_{ms}} \geq \dfrac{1}{2}$ Eq. 61

σ_{mh} désignant la contrainte maximale de la matrice à l'état humide et σ_{ms} sa contrainte maximale à l'état sec.

Les propriétés des différentes matrices à l'état sec (tableau 19) et à l'état humide (tableau 20) permettent alors d'établir le rapport de l'équation 61 et de retenir les matrices recommandables pour l'élaboration des matériaux de construction.

Tableau 25 : Détermination du degré d'altération de la tenue mécanique des matrices d'argile par l'eau

Températur e (24 heures)	Rapport σ_{mh}/σ_{ms}					
	ABB	ANT	ARG	AVK	ARK	ARA
500°C	0,27	0,53	0,54	0,44	0,67	0,67
850°C	0,8	0,7	1	0,77	0,96	1
1060°C	1	0,2	1	0,95	1	0,8

Il résulte de l'application de la recommandation sur le niveau d'altération de la tenue mécanique de la matrice par l'eau, que l'emploi des matrices d'Argile Blanche de Bangéli et d'Argile Verte de Kouvé cuites 500°C dans l'élaboration de matériaux de construction n'est pas recommandé. Il en est de même pour l'Argile Noire de Togblékopé cuite à 1060°C.

II-2. Hiérarchisation des matrices d'argile

Les matrices d'argile retenues pour l'élaboration de matériaux de construction peuvent être rangées par ordre décroissant de leur résistance mécanique à sec (tableau 28).

Tableau 26 : Hiérarchisation des variétés d'argiles par température de cuisson : classification par ordre décroissant de la contrainte maximale à l'état sec

Températu re (24 heures)	Niveau hiérarchique des matrices par ordre décroissant de σ_{ms}				
	1er rang	2e rang	3e rang	4e rang	5e rang
500°C	ANT	ARG	ARK	ARA	_____
850°C	ABB	ARG	ANT	AVK / ARK	ARA
1060°C	ABB	ARG	AVK / ARK	ARA	_____

Il résulte de la hiérarchisation des variétés d'argiles par niveau de température que :

▪ jusqu'à 500°C, l'Argile Noire de Togblékopé présente la meilleure tenue mécanique. Cette argile sera donc retenue dans l'élaboration des matrices en dessous de 500°C, et plus particulièrement dans le cas du composite argile-fibres naturelles (voir § II-1.2).

▪ au-dessus de 850°C, les meilleures tenues mécaniques sont obtenues à partir de l'Argile Blanche de Bangéli puis de l'Argile Rouge de Guérin-Kouka. Nous recommandons toutefois l'emploi de l'Argile Blanche de Bangéli dans l'élaboration de carreaux et l'utilisation de l'Argile Rouge de Guérin-Kouka pour l'élaboration de tuiles et briques.

Dans le cas particulier de l'élaboration des tuiles, nous recommandons une cuisson à 1060°C. Dans ces conditions, la tuile ne présente qu'un coefficient d'absorption d'eau de 2,5 $g/cm^2.s^{1/2}$ (tableau 18). L'humidité (pluie, rosée, etc), dans ces mêmes conditions, est sans effet sur la résistance mécanique de la tuile (tableau 27).

Enfin, dans le cas des carreaux, une cuisson à 1060°C offre à la matrice d'Argile Blanche de Bangéli, une parfaite étanchéité (coefficient d'absorption d'eau inférieur à 1 $g/cm^2.s^{1/2}$. voir tableau 18). Celle-ci est la principale propriété de ce type de matériaux.

III- ELABORATION DU COMPOSITE ARGILE-SISAL

III-1. Choix et rappel des propriétés du renfort et de la matrice

Le choix des matériaux entrant dans la constitution de la structure composite a été mené par une approche sélective guidée par le souci d'obtenir le meilleur composite réalisable à partir des différents matériaux naturels étudiés. Le critère de choix portera essentiellement sur la tenue mécanique de ces matériaux de base.

III-1.1. Le renfort

La fibre de sisal présente une meilleure tenue à la traction avec une contrainte de rupture atteignant 3 fois celle du jute et 6 fois celle du kénaf (tableau 26). Le choix du renfort portera par conséquent sur cette variété de fibres.

Pour améliorer l'adhérence à l'interface fibre-matrice, les fibres ont été préalablement soumises à un traitement à la soude à 0,1 mol/l pendant 20 minutes, puis séchées et étuvées à 30°C pendant 24 heures. Les fibres sont ensuite coupées et utilisées sous forme de nodules de 15 à 20 mm de long.

Le tableau 29 donne un rappel des propriétés mécaniques et physiques du renfort après le traitement à la soude.

Tableau 27 : Rappel des propriétés mécaniques et physiques du renfort après traitement à la soude à 0,1 mol/l et étuvage à 30°C pendant 24 heures.

Caractéristiques mécaniques		
Contrainte maximale à la traction :	σ_{max}	550 à 600 MPa
Module de Young :	E	6000 à 7000 MPa
Limite élastique :	σ_e	500 MPa
Coefficient de Poisson :	ν	0,25 à 0,3
Déformation à la limite élastique :	ε_e	2,5 %
Déformation à la rupture :	ε_r	2,5 à 3%
Caractéristiques physiques		
Masse volumique absolue :	ρ	1,43 g/cm^3
Taux de reprise d'humidité		10 %
Taux d'absorption d'eau		60 %
Température maximale sans altération		110°C
Diamètre des nodules		80 µm à 150 µm
Longueur des nodules		15 mm à 20 mm

III-1.2. La matrice en argile

Le choix de la variété d'argile est basé sur le critère de la tenue mécanique à sec de la matrice au-dessous de 500°C. En effet, les fibres végétales ne peuvent supporter qu'une température maximale de 110°C au-delà de laquelle la cellulose commence à se désagréger. Il résulte des résultats comparatifs du tableau 28 que l'Argile Noire de Togblékopé présente une meilleure tenue mécanique à sec au-dessous de 500°C.

Les propriétés mécaniques et physiques de cette argile sont résumées dans le tableau 30.

Tableau 28 : Rappel des propriétés mécaniques et physiques de l'Argile Noire de Togblékopé

Caractéristiques mécaniques à sec à 500°C		
Contrainte maximale à la compression à sec: σ_{ms}		38 MPa
Module de Young :	E	800 MPa
Limite élastique :	σ_e	36 MPa
Déformation à la limite élastique :	ε_e	5 %
Caractéristiques physiques		
Masse volumique absolue	ρ_a	2,58 g/cm^3
Masse vol. apparente (au-dessous de 500°C) ρ_o		2 à 2,2 g/cm^3
Taux de retrait au séchage	λ_o	9 %
Teneurs en cendres	C_{MO}	7 à 8 %
Porosité à 500°C	$\psi_{500°}$	23 %
Tension superficielle *(barbotines en masses équivalentes d'eau et d'argile)*		40. 10^{-3} N/m
Limites d'Atterberg	limite de plasticité ϖ_p	18 %
	limite de liquidité ϖ_l	44 %
	limite de retrait ϖ_r	8 %

III-2. Mise en œuvre du composite argile-sisal

III-2.1. Taux de renforts

Le taux volumique de fibres est un paramètre d'une grande importance dans le matériau composite puisque les propriétés mécaniques de celui-ci en dépendent largement.

Le taux volumique de fibres V_f est évalué en déterminant la masse de fibres et de poudre d'argile ayant été préalablement étuvées respectivement à 30°C et à 120°C pendant 24 heures. V_f est alors évalué à partir de l'équation 56. Remarquons que dans cette relation nous supposons que le taux de porosité du composite est nul, ce qui n'est pas vrai car la matrice d'Argile Noire de Togblékopé présente un taux de porosité de l'ordre de 23% à l'état sec (tableau 30).

Contrairement au cas du renfort de la matrice en résine époxy, l'étuvage des fibres dans le cas présent n'a qu'un intérêt technique. Il permet de nous affranchir des conditions hygroscopiques du milieu de conditionnement et de contrôler plus aisément le taux du renfort à partir des masses anhydres des fibres et de la matrice (équation 56). En effet, les fibres et la poudre d'argile absorbent l'humidité de l'air au cours de leur conditionnement ; ce qui rend difficile le contrôle du taux de fibres en raison des conditions climatiques variables. Les premières éprouvettes réalisées sans cette précaution ont donné des résultats dispersifs et peu concluants.

III-2.2. Disposition des fibres et mise en forme des éprouvettes composites
Pour des raisons d'ordre technique, les fibres ont été disposées de manière aléatoire dans la matrice comme le montre la figure 58. Il est indispensable de veillez à obtenir une répartition homogène des fibres.

La mise en œuvre des éprouvettes composites a été réalisée dans les mêmes conditions que les matrices d'argile précédemment étudiées. Le mélange poudre-fibres est humidifié à une teneur en eau de 18% puis compressé sous une charge de 8MPa.

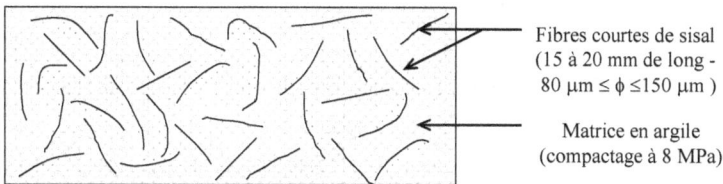

Fibres courtes de sisal
(15 à 20 mm de long -
80 µm ≤ φ ≤150 µm)

Matrice en argile
(compactage à 8 MPa)

Figure 59 : Disposition aléatoire des fibres courtes de sisal (15 à 20 mm de
long et 80 à 150µm de diamètre) dans la matrice d'argile

III-2.3. Les éprouvettes composites
Le taux volumique de fibres et la température sont deux facteurs influant largement sur les propriétés mécaniques du composite argile-fibres.
Le taux de renfort influe sur la résistance mécanique du composite. Afin de déterminer expérimentalement le taux volumique de fibres qui confère au

composite sa tenue mécanique optimale, les éprouvettes ont été réalisées à un taux volumique de fibres variant de 0% (matrice sans renfort) à 10%. Le taux volumique de fibres des éprouvettes composites est de 0%, 3%, 5% et 10%.

Afin de relever l'influence de la température sur la tenue mécanique du composite, la caractérisation a porté sur des éprouvettes composites ayant subi :

- un séchage sans cuisson,
- une cuisson à 100°C (au-dessous de la température à laquelle la fibre commence à se désagréger, c'est-à-dire à 110°C) pendant 24 heures,
- une cuisson à 500°C afin de relever la résistance mécanique de la matrice lorsque le renfort se trouve altéré.

IV- CARACTERISATION DE LA STRUCTURE COMPOSITE

IV-1. Caractéristiques physiques du composite

Nous nous intéressons particulièrement à l'influence du taux de renfort sur le retrait du composite au séchage et sur la densité du composite. Le tableau 31 donne le taux de retrait au séchage du composite et sa densité à l'état sec en fonction du taux volumique de fibres.

Tableau 29 : Influence du taux de renfort sur les propriétés physiques du composites

	Caractéristiques physiques du composite en fonction de V_f			
	0%	3%	5%	10%
Taux de retrait au séchage : λ (%)	9	7	6	5
Masse volumique apparente : ρ_o (g/cm^3)	2,20	2,14	2,10	2

Le retrait au séchage et la densité du composite sont fonctions décroissantes du taux de fibres. Nous pouvons remarquer que jusqu'à 10% de taux volumique de fibres, la masse volumique du composite reste conforme aux valeurs recommandées par le C.D.I pour les matériaux de construction à base d'argile ou de terre, soit une masse volumique supérieure ou égale à 1,7g/cm^3.

Le séchage des éprouvettes composites a également montré que le renfort augmente la résistance à la fissuration de la matrice. Cette résistance augmente sensiblement avec le taux volumique de fibres.

IV-2. Caractéristiques mécaniques du composite

IV-2.1. Essai de compression

Protocole expérimental : L'essai de compression a été effectué dans les mêmes conditions que les matrices précédemment étudiées (Norme française sur les briques cuites : NF P13-305) [60]. La charge est appliquée sans à coup à une vitesse de 0,5 ± 0,2 MPa. Les essais sont effectués sur 5 éprouvettes de même type de manière continue, sans à coup, à une vitesse régulière.

Résultats expérimentaux : Les figures 60 et 61 donnent les courbes contraintes-déformations du composite vert séché respectivement à la température ambiante et à 100°C. Les courbes contraintes-déformations du composite cuit à 500°C sont représentées à la figure 62.

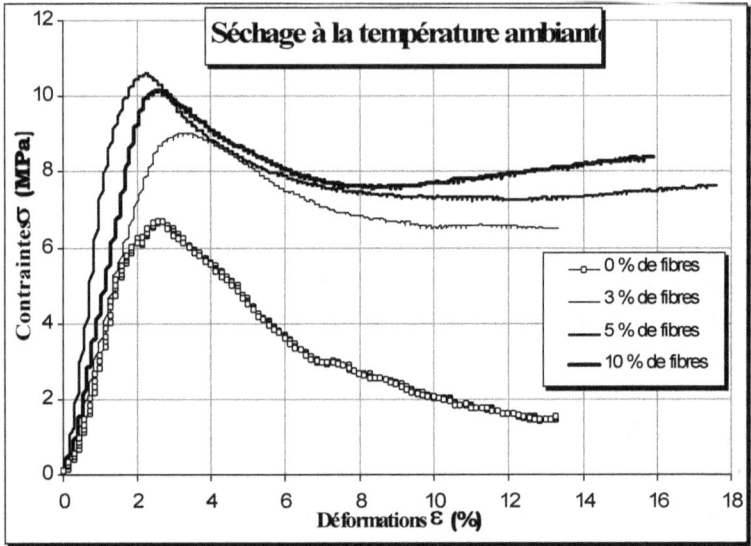

Figure 60 : Courbes contraintes-déformations du composite vert séché à la température ambiante et à différents taux volumiques de fibres

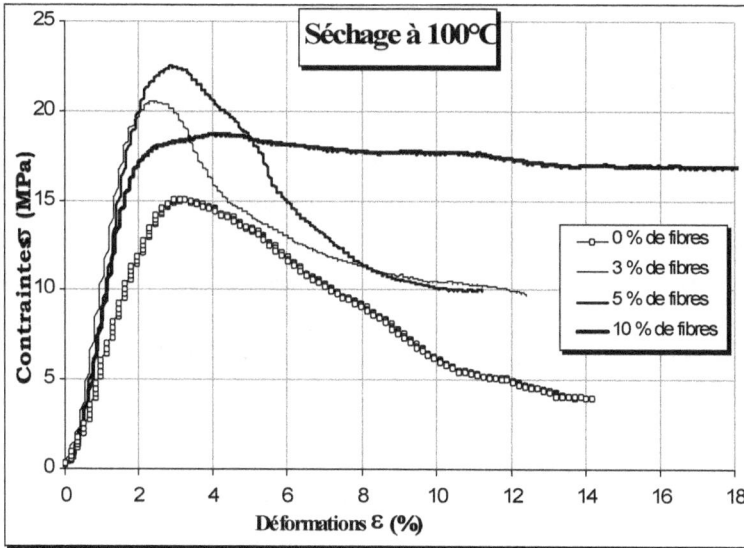

Figure 61 : Courbes contraintes - déformations du composite vert séché à
100°C et à différents taux volumiques de fibres

Ces courbes montrent que le composite argile-sisal a un comportement
élasto-plastique tout comme la matrice d'argile sans renfort. Hormis les
propriétés mécaniques sur lesquelles nous reviendrons, le renfort modifie
considérablement l'endommagement de la structure d'argile. Les figures 60
et 61montrent que pendant l'endommagement, les matrices renforcées
gardent un très bon niveau de la contrainte de compression contrairement à
la matrice sans renfort dont la contrainte baisse très sensiblement. En effet,
après la fissuration de la matrice, la charge est transférée sur les fibres qui
sont alors sollicitées en traction. Cette constatation se confirme en
observant les éprouvettes après l'essai de compression. Les éprouvettes
sans renfort sont éclatées en morceaux contrairement aux éprouvettes
composites dont les morceaux restent assemblés par le renfort après leur
endommagement.

Sur la figure 60, on peut remarquer par exemple que pendant l'endommagement, la contrainte passe par un minimum après lequel elle tend à augmenter. La décroissance de la contrainte correspond à la fissuration de la matrice et sa tendance à augmenter correspond à la sollicitation des fibres. Le renfort de la matrice augmente aussi considérablement sa déformation à la rupture. Mais la déformation importante du composite nous laisse penser qu'il y a un déchaussement progressif des fibres. Le comportement à l'endommagement du composite vert (séché à la température ambiante et à 100°C) devient très différent lorsque celui-ci subit une cuisson à 500°C comme nous le montrent les courbes de la figure 62.

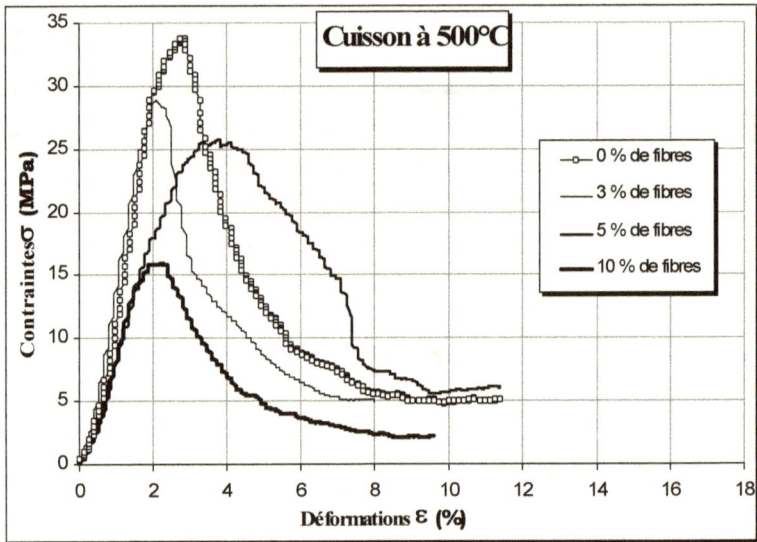

Figure 62 : Courbes contraintes-déformations du composite cuit à 500°C à différents taux volumiques de fibres

Les courbes de la figure 61 montrent que les matrices renforcées et les matrices sans renfort se comportent de la même manière à l'endommagement. En effet, à 500°C, les fibres cellulosiques sont complètement consumées et l'éprouvette est constituée uniquement de la matrice. Le tableau 32 donne les propriétés mécaniques des différents composites et matrices.

IV-2.2. Propriétés mécaniques du composite

Tableau 32 : Propriétés mécaniques du composite en fonction du taux volumique de fibres (0% (*matrice sans renfort*); 3%; 5% et 10%) : Composite séché à la température ambiante (composite vert); composite séché à 100°C (composite vert) et composite cuit à 500°C

PROPRIETES MECANIQUES DU COMPOSITE : ARGILE NOIRE DE TOGBLEKOPE - SISAL

V_f	Contrainte maximale σ_t (MPa)			Module de Young E (MPa)			Limite élastique σ_e (MPa)			Déformation à la limite élastique. ε_e (en %)			Déformation à la coutr. maxi. ε_m (en %)		
	Sans cuisson	100°C	500°C	Sans cuisson	100°C	500°C	Sans cuisson	100°C	500°C	Sans cuisson	100°C	500°C	Sans cuisson	100°C	500°C
0%	7	15	35	350	640	1700	6	14	30	1.5	0.5	2	3	3	1
3%	9	20	30	350	1300	1700	8	18	30	2,5	1	2	3,5	3	2
5%	11	23	26	740	1300	1100	9	20	22	1,5	2	2,5	2	3	3,5
10%	10	18	16	450	1300	1100	9	16	14	2	2	1,5	2,5	3	2

Les données du tableau 32 montrent que la température et le taux volumique de fibres sont des paramètres qui influencent de différentes manières les propriétés mécaniques du composite. Etant donné que les éprouvettes cuites à 500°C ne sont plus des structures composites proprement dit, il importe de relever d'une part l'influence de ces deux facteurs sur le composite vert et d'autre part l'influence du taux volumique de renfort sur le matériau cuit à 500°C.

- sur le composite vert (composite séché à la température ambiante et à 100°C) :

- **Influence du renfort**

De manière générale, le renfort augmente la contrainte maximale et le module élastique du matériau. Mais l'influence du renfort sur les propriétés mécaniques du composite dépendent fortement du taux volumique de fibres :

- pour un taux volumique de fibres inférieur ou égal à 5% ($V_f \leq 5\%$), la contrainte maximale du composite augmente avec le taux de fibres. Les données du tableau 32 montrent par exemple qu'un taux volumique de fibres de 3% augmente la contrainte maximale de 30% et un taux de 5% l'augmente de 50 à 60%.

- pour un taux volumique de fibres supérieur à 5 % ($V_f > 5\%$), la contrainte maximale baisse. C'est le cas des matrices renforcées à 10% et séchées à la température ambiante et à 100°C. En effet, les fibres occupent 10% du volume du composite et rendent la matrice alvéolaire et poreuse. Elle devient moins résistante à la compression.

- **Influence du séchage**

L'augmentation de la température de séchage jusqu'à 100°C augmente la contrainte maximale et le module élastique du matériau (composite ou matrice sans renfort). La valeur de la contrainte maximale par exemple augmente de 100% (tableau 32 et figure 60). En effet, à 100°C, le séchage atteint le cœur de la matrice et la rend plus rigide. Tout porte à croire que ce séchage améliore l'adhérence fibre-matrice.

- sur le matériau cuit à 500°C

Sous l'effet de la température, les fibres de sisal sont détruites et le composite n'est plus qu'une matrice alvéolaire. Plus le taux de fibres dans le composite initial est élevé, plus la matrice devient poreuse après la cuisson. La contrainte maximale du matériau baisse alors sensiblement avec le taux volumique de fibres qui n'est rien d'autre que le taux d'alvéoles qui s'ajoute à la porosité intrinsèque de la matrice.

Les courbes de la figure 62 montrent bien l'influence du taux volumique de fibres sur la contrainte maximale du composite vert et du composite cuit à 500°C.

IV-2.3. Détermination du taux volumique de fibres optimal et des conditions de séchage

La figure 63 illustre bien l'évolution de la contrainte en fonction du taux volumique de fibres. Il en résulte que le renfort de la matrice à 500°C est sans intérêt.

Conformément à notre souci d'économie d'énergie de production, nous nous intéresserons aux composites verts.

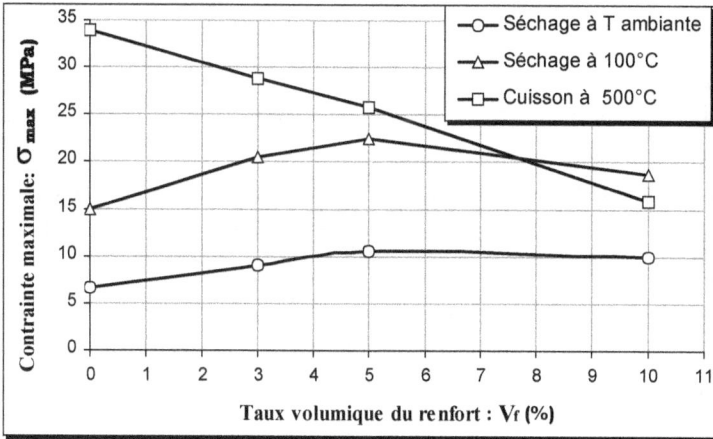

Figure 63 : Influence du taux volumique du renfort sur la contrainte maximale du composite

La figure 62 montre bien que le séchage à 100°C augmente la contrainte maximale de 100% et le renfort à 5% de taux volumique de sisal l'augmente de 50%.

Dans ces conditions, le composite présente une contrainte maximale de 23 MPa et un module élastique de 1300 MPa (ces caractéristiques sont mises en gras dans le tableau 32).

Comparée aux matrices des différentes argiles cuites (tableau 19), on remarque que le composite vert retenu présente une contrainte maximale supérieure ou égale aux contraintes maximales de la matrice d'Argile Blanche de Bangéli cuite à 500°C ou des matrices d'Argile Rouge de Kouvé et d'Argile Rouge de Albi cuites à 500°C, 850°C ou à 1060°C (tableau 19).

Mais si le composite vert Argile Noire de Togblékopé-Sisal offre l'économie d'énergie de production et un intérêt écologique incontestable, son usage dans l'élaboration de tuiles nécessite un traitement de surface qui diminue son aptitude à l'absorption d'eau et lui confère une bonne étanchéité.

IV-3. Perspective d'amélioration de l'étanchéité du composite vert

Un traitement de surface du composite vert a pour but de diminuer l'aptitude de ce matériau à l'absorption capillaire et de lui donner une étanchéité suffisante pour l'élaboration de tuiles.

La technique de traitement doit être choisie de sorte que la température du composite n'excède pas les 110°C afin d'éviter l'altération du renfort. Cette couche protectrice doit :

- être étanche,
- avoir une bonne adhérence sur le composite ANT-SISAL
- résister à l'abrasion mécanique sous l'action des vents chargés de grains de sable,
- supporter des températures pouvant atteindre 40°C,
- résister à l'action de l'humidité (salée sur la côte du Golf de Guinée) et à la moisissure,
- résistance à l'action mécanique de la pluie voire de la grêle; etc.

Le tableau 33 résume le cahier des charges indiquant les conditions sur la température (dans le cas d'un traitement thermique) et les résultats attendus en fonction des conditions de travail de la tuile verte.

Tableau 30 : Cahier des charges pour le traitement de surface du composite vert ANT-Sisal

CAHIER DES CHARGES		
Conditions sur la température	**Conditions de travail et résultats escomptés**	
T° quelconque	COUCHE PROTECTRICE	- bonne étanchéité / couche continue, - bonne adhérence sur l'ANT-Sisal, - bonne tenue aux températures (T ≤ 40°C), - résistance à l'action des solutions salines, - résistance aux moisissures, - résistance à l'abrasion et à l'action mécanique de la pluie et de la grêle.
T° ≤ 110°C	STRUCTURE COMPOSITE	- fibres de sisal en bon état, - la matrice doit rester le plus sec possible pour une bonne tenue mécanique.

V- CONCLUSION

La quasi inexistence des normes sur les produits de construction au Togo nous a amené à adopter les normes françaises pour la validation des matrices tout en tenant compte des spécificités climatiques de ce pays, en l'occurrence l'absence du gèle et du dégèle qui altèrent considérablement les produits en argile cuite.

Hormis les spécifications sur les défauts de forme des produits, les normes sur les matériaux de construction en argile tiennent à la fois compte de la résistance de la matrice à l'absorption capillaire, de sa résistance mécanique et du degré d'altération de sa tenue mécanique par l'eau.

L'application de ces normes aux différentes matrices a montré qu'au-dessous de 500°C, les matrices en Argile Blanche de Bangéli et en Argile Verte de Kouvé sont impropres à l'élaboration des tuiles et briques tout comme la matrice d'Argile Noire de Togblékopé à 1060°C en raison de l'importante fissuration qu'elle subit.

En revanche, toutes les autres matrices sont aptes à l'élaboration des matériaux de construction. Mais une hiérarchisation de ces matrices permet de déterminer celles qui donnent les meilleurs matériaux. Il en résulte qu'au-dessous de 500°C, la matrice d'Argile Noire de Togblékopé présente la meilleure résistance à la compression et au-dessus de 850°C, les matrices d'Argile Blanche de Bangéli et d'Argile Rouge de Guérin-Kouka offrent les meilleures résistances à la compression.

Ces résultats nous ont permis de conseiller l'emploi de l'Argile Rouge de Guérin-Kouka dans l'élaboration des tuiles et briques et l'Argile Blanche de Bangéli dans l'élaboration des carreaux. Dans le cas particulier de l'élaboration des tuiles ou des carreaux, les matrices de ces argiles doivent être cuites à 1060°C pour une meilleure étanchéité des produits.

Quant à l'Argile Noire de Togblékopé, son association avec les fibres de sisal permet d'élaborer une structure composite verte. Lorsque les fibres sont coupées en petits nodules et disposées de manière aléatoire dans la matrice, un taux volumique du renfort de 5% et un séchage à 100°C offrent les meilleurs composites du point de vue de leur résistance à la compression.

Dans ces conditions, le renfort augmente la contrainte maximale de la matrice de plus de 50%. Comparé aux matrices cuites, le composite Argile Noire de Togblékopé-sisal présente une contrainte maximale de compression supérieure ou égale à celle de l'Argile Rouge de Kouvé ou de l'Argile Rouge d'Albi cuite à 500°C, 850°C ou à 1060°C.

Il en résulte que l'élaboration du composite vert présente une économie d'énergie de production mais son utilisation en Génie Civil exige un traitement de surface qui accroît sa résistance à l'absorption d'eau et lui confère une étanchéité surtout pour l'élaboration de tuiles vertes.

Nous pensons qu'un unidirectionnel Argile Noire de Togblékopé-Sisal ou un composite [0; 90] donnerait de meilleures résistances mécaniques et particulièrement dans le cas de la sollicitation en flexion.

VI- CONCLUSION ET PERSPECTIVES

La présente étude avait pour objectif d'apporter une meilleure connaissance scientifique des argiles et des fibres cellulosiques naturelles en vue d'une meilleure exploitation de ces ressources locales dans l'élaboration des tuiles et briques. Ces travaux de recherche devraient pour ainsi dire, améliorer le savoir-faire d'un travail artisanal demeuré pendant longtemps empirique, et apporter à l'industrie des tuiles et briques, une expertise et des connaissances scientifiques approfondies de ces matières premières et des produits résultants. L'étude a porté sur six variétés d'argiles et trois variétés de fibres en provenance du Togo.

Convaincu que la qualité et les propriétés mécaniques des produits finaux dépendent largement de la mise en œuvre, il nous a semblé important de présenter d'abord, le processus d'élaboration des tuiles et briques. La caractérisation physique et mécanique a porté sur des éprouvettes élaborées suivant cette synoptique. Dans ce processus d'élaboration, l'argile acquiert différents états en fonction des étapes de transformation : l'état solide, l'état plastique et l'état liquide. Le passage d'un état à un autre engendre des mécanismes et des phénomènes physiques qui provoquent la fissuration et la déformation des matrices.

La maîtrise de ces défauts survenant au cours de l'élaboration est un travail minutieux que nous avons décidé de mener progressivement afin de prendre en compte tous les phénomènes et limiter les risques d'erreur. Nous nous sommes donc attelés à la caractérisation de l'argile dans ses différents états.

La caractérisation physico-chimique des poudres d'argiles montre que les six variétés étudiées sont principalement constituées de silice. Elles se situent dans le même fuseau granulométrique à l'exception de l'Argile Blanche de Bangéli qui se distingue des autres variétés par sa nature très fine.

La caractérisation des barbotines a porté essentiellement sur l'acidité et la tension superficielle en raison de l'importance de ces données dans la transformation et la mise en œuvre de l'argile.

En effet, la connaissance du pH d'une argile permet un meilleur contrôle des matières premières en vue d'une réadaptation de la transformation au cas où l'acidité du gisement venait à changer par suite d'une inondation ou d'un lessivage. Quant à la tension superficielle des barbotines, elle est très importante dans le mode d'élaboration par coulage. Elle explique la formation des défauts internes occasionnés par la formation de grosses bulles d'air lors de la mise en œuvre des pâtes fluides et qui sont néfastes à l'élaboration des tuiles. Nous ignorons encore les valeurs de la tension superficielle qui permettent une mise en œuvre sans défaut. L'étude de la rhéologie des pâtes d'argile est donc un point qui mérite une investigation dans la suite de ces travaux en vue de l'optimisation de la mise en œuvre.

Sur les pâtes d'argile, nous avons procédé à la détermination des limites de consistance de chaque variété d'argile par des techniques très simples. Ces limites sont caractéristiques de la plasticité de chaque argile et leur représentation dans le diagramme de Casagrande a montré que l'Argile Verte de Kouvé et l'Argile Rouge de Albi-2 sont des argiles très plastiques. En revanche, toutes les autres variétés d'argile sont moyennement plastiques mais aptes à l'élaboration des tuiles et briques.

Une autre tâche effectuée sur les pâtes concerne le traitement au carbonate de sodium. Ce traitement nous a permis de proposer les dosages convenables pour l'amélioration de la qualité et de la résistance mécanique des produits. Une procédure de dosage facilement applicable dans l'industrie et l'artisanat a donc été proposée. Ce point mérite néanmoins une étude poussée afin d'évaluer l'amélioration de ce traitement sur les propriétés mécaniques et physiques, notamment l'étanchéité, des produits résultants.

L'élaboration des éprouvettes par compactage nous a permis de déterminer la pression au-delà de laquelle le compactage est sans effet sur la consistance de la matrice. A cet effet, nous conseillons une pression maximale de 8 MPa à ne pas dépasser.

Il était en outre capital de comprendre les phénomènes qui provoquent la fissuration et la déformation des matrices en rendant difficile l'opération de séchage. L'évaporation de l'humidité lors du séchage provoque un resserrement progressif des particules solides en engendrant le retrait et la densification de la matrice. Ce mouvement des particules est à l'origine de la déformation et de la fissuration de la matrice.

La quantification de ces phénomènes s'avère indispensable pour maîtriser ces défauts.

Une approche expérimentale du séchage nous a permis de déterminer les vitesses de séchage qui permettent de limiter les risques de déformation et de fissuration et d'établir les courbes représentatives du retrait ou courbes de Bigot, spécifiques à chaque argile. A partir des limites de retraits déduits des courbes, nous avons proposé un séchage contrôlé qui permet de limiter les risques de fissuration et de déformation.

Mais si l'approche expérimentale permet d'optimiser le séchage, elle n'explique toujours pas le mécanisme de fissuration et de déformation des matrices. En effet, cette expérience permettait d'enregistrer à chaque instant du séchage, la variation des dimensions en fonction de l'humidité globale de la matrice et n'apportait aucun renseignement sur la répartition de l'humidité dans l'épaisseur de la matrice et le mouvement des particules à chaque point de la matrice. La modélisation du séchage avait donc pour but d'apporter les compléments d'informations nécessaires à la compréhension du mécanisme de retrait et de densification de la matrice. L'évaporation s'effectuant par gradient d'humidité, nous avons proposé un modèle diffusif qui est représentatif du transfert d'humidité dans l'épaisseur de la matrice d'argile. Le coefficient de diffusion a été déterminé par identification à partir des données expérimentales et des équations mathématiques établies à partir des lois de Fick.

La modélisation a permis de déduire qu'en début de séchage, la surface de la matrice d'argile enregistre des gradients d'humidité élevés qui induisent des contraintes internes importantes provoquant la fissuration de la matrice. Au cours du séchage, ce phénomène est d'autant plus accentué que l'humidité de la matrice est encore supérieure à la limite de retrait de l'argile considérée. Au-dessus de cette limite, le séchage doit être conduit avec des conditions de température très douces de sorte à ne pas dépasser les vitesses de séchage que nous avons conseillées.

En outre, la modélisation a montré qu'un séchage dissymétrique de la matrice engendre des contraintes internes dissymétriques provoquant la courbure de la matrice. La concavité se présente sur la face la plus exposée au flux séchant. D'où l'importance de procéder à une disposition des produits offrant un séchage uniforme, surtout dans le cas du séchage des tuiles.
Bien que les valeurs du coefficient de diffusion déterminées par identification soient proches de celles rencontrées dans la littérature, nous restons assez prudents sur la précision de ces résultats. Ils ont permis néanmoins de comprendre et de contrôler les défauts liés au séchage.

Fort d'une technique de mise en œuvre entièrement définie, nous avons procédé à la caractérisation physique et thermomécanique des matrices cuites entre 500°C et 1060°C. Le test d'absorption capillaire a montré que les différentes argiles présentent, à ces températures, une aptitude à l'absorption d'eau conforme aux exigences des normes sur les produits de construction en argile. L'application de ces normes aux résultats des essais de compression des matrices a montré qu'au-dessous de 500°C, l'Argile Noire de Togblékopé présente la meilleure résistance mécanique et au-dessus de 850°C, l'Argile Blanche de Bangéli et l'Argile Rouge de Guérin-Kouka offrent les meilleures résistances mécaniques. Nous conseillons l'emploi de l'Argile Rouge de Guérin-Kouka dans l'élaboration des tuiles et briques et l'Argile Blanche de Bangéli pour l'élaboration des carreaux.

En revanche, l'application des normes sur les produits de construction en argile a montré que la cuisson des matrices en Argile Blanche de Bangéli et en Argile Verte de Kouvé au-dessous de 500°C, est insuffisante pour l'élaboration des tuiles et briques et la cuisson des matrices en Argile Noire de Togblékopé à 1060°C provoque une fissuration importante et rend les produits inutilisables.

Un essai de mélange de quelques variétés d'argiles a révélé une incompatibilité de celles-ci en raison de la différence de leur comportement dilatométrique. Un autre point d'investigation portera donc sur l'étude dilatométrique de ces argiles. Les courbes dilatométriques permettront d'établir les courbes de cuisson de chaque argile en vue d'optimiser cette opération.

Notre seconde tâche a porté sur la caractérisation physique et mécanique des fibres de sisal, de kénaf et de jute. Les problèmes techniques que posait l'essai de traction sur une fibre unitaire ou sur une mèche de fibres nous ont conduits à effectuer des tests de traction sur des éprouvettes composites unidirectionnelles en résine époxy renforcée de chaque variété de fibres à caractériser.

A partir des propriétés mécaniques du composite et de la matrice, nous avons pu déduire celles des fibres en utilisant les équations classiques des lois des mélanges.

Mais cette procédure de caractérisation n'offrait une bonne précision qu'à condition d'assurer une bonne adhérence à l'interface fibre-matrice en vue d'un transfert maximum de la charge de la matrice aux fibres. Ceci nous a conduits à procéder au traitement chimique des fibres afin de dégommer leur surface. En effet, les fibres végétales portent à leur surface des groupements hydroxyles qui les rendent hydrophiles. Elles absorbent l'humidité de l'air en rendant difficile la polymérisation de la résine à l'interface fibre-matrice. Parmi les composés chimiques utilisés, le traitement à l'aide d'une solution de soude de concentration 0,1 mol/l offrait de meilleurs résultats.

Les essais de traction ont montré que le sisal présente une meilleure résistance à la traction. Si la procédure adoptée pour la caractérisation des fibres ("caractérisation inverse") permet de comparer les fibres entre elles, elle donne des propriétés mécaniques qui restent encore des valeurs grossières en raison de l'influence des facteurs influençant la qualité du composite, notamment les facteurs de forme, d'alignement des fibres et d'adhérence. Cette caractérisation reste donc à affiner en effectuant des essais de traction sur une fibre unitaire à l'aide d'un équipement approprié.

Les résultats de caractérisation mécanique des matrices d'argile et des fibres nous ont permis d'associer l'argile la plus résistante (au-dessous de 500°C) et les fibres les plus résistantes pour l'élaboration d'une structure composite verte. Nous avons ainsi réalisé un composite à matrice en Argile Noire de Togblékopé renforcée de fibres courtes de sisal. En mettant en évidence l'influence du taux de fibres et du séchage sur les propriétés mécaniques du composite, nous sommes parvenus à la conclusion qu'un taux volumique de fibres de 5% et un séchage à 100°C offraient au composite une meilleure résistance en compression.

Dans ces conditions, le renfort augmente de deux à trois fois la résistance à la compression de la matrice. Nous avons également observé que le renfort augmente sensiblement la résistance à la fissuration de la matrice au cours du séchage. Du point de vue mécanique, ce nouveau matériau répond valablement aux exigences des normes sur les matériaux de construction en argile, mais sa résistance à l'absorption capillaire doit être améliorée par un traitement de surface qui lui confère son étanchéité et sa résistance aux intempéries.

Des essais de vieillissement accéléré ou naturel prenant en compte les facteurs hygroscopiques, thermiques ou de sollicitation permettront d'étudier la durabilité de la structure composite traitée. C'est alors que son utilisation dans l'élaboration des tuiles vertes offrira un intérêt économique et écologique indéniable.

Pour ce faire, nous inscrivons cette investigation dans les perspectives permettant de concrétiser le rêve d'une toiture écologique au Togo.

Pour des raisons d'ordre technique, les éprouvettes du composite argile-sisal ont été réalisées avec une distribution aléatoire des fibres mais nous pensons qu'une structure unidirectionnelle ou [0, 90] mérite d'être étudiée.

Nous n'ignorons pas que la caractérisation mécanique menée dans cette étude ne prend pas en compte la sollicitation du matériau en flexion mais ces travaux ont le mérite de déterminer les variétés d'argile qui répondent aux normes sur les produits de construction en argile. Les variétés retenues pourront donc être testées en flexion pour finaliser cette étude qui reste avant tout une étude de base.

Nous sommes conscients des reproches qui peuvent être faits à ce travail eu égards à la multitude des matériaux étudiés. En effet, de manière volontaire, ce travail n'est pas sélectif et ne cible pas une variété donnée au risque de mener une étude sur une variété dont les matrices ne répondent pas aux normes sur les produits de construction en argile. Ce travail de base avait pour objectif d'ouvrir les pistes aux futurs travaux de recherche aussi bien sur les matériaux céramiques à base d'argile que sur les composites à renfort de fibres naturelles.

BIBLIOGRAPHIE

[1] Kokou-Esso ATCHOLI, "Rapport d'activités de Recherches", Université de Lomé, Février 1997.

[2] CAILLERE S., HENIN S., RAUTUREAU M., "Minéralogie des argiles INRA", Actualités Scientifiques et agronomiques, Ed. MASSON. 1982.

[3] Jean-Marc COLLARD, "Etude des transferts d'humidité et des déformations pendant le séchage d'une plaque d'argile", Thèse de l'Université de Poitiers. 1989. pp10-14;70-80.

[4] Fatima-Zohra AOUDJA, "Comportement de mélanges eau-argile concentrés vis à vis du procédé d'extrusion", Thèse de l'Institut National des Sciences Appliquées de Rennes. 1988. pp.22-28.

[5] Jean-Pierre MAGNAN, "Description, identification et classification des sols", Technique de l'Ingénieur.Vol.C2I. N°C208. Ed. ISTRA BL. 1996.

[6] CHARPIN; RASNEUR, "Mesure des surfaces spécifiques", Technique de l'Ingénieur, Analyse et caractérisation, N°P1050, 1987. 20 pages.

[7] JOUENNE C.A., "Traité de Céramiques et Matériaux Minéraux", Editions Septima, Paris 1980, pp 368-500.

[8] SERGEEV E.M., "Les forces de cohésion et eau liée dans les argiles", Bulletin du B.R.G.M.; Section II, N°1, 1971. pp 9-19.

[9] POLUBARINOVA-KOCHINA P.Ya., "Theory of ground water movement. Traduit du russe", (Gostekhizdat, Moscou). Princeton University Press, N.J. 613p., 1962.

[10] SLOANE R.L., "Early reaction in the kaolinite hydrated line water systems", 6e I.C.S.M.F. Montréal Volume 1, N°28, 1965.

[11] Jean-Pierre PUFFENEY., "Système à base de connaissances d'aide à la décision pour la conduite d'une tuilerie automatisée, "Thèse de l'Université de Franche-Comté, 1997, pp.13-35.

[12] Charles BOTTIN, "La fabrication artisanale de tuiles romanes", Edition CRATerre, 1988

[13] Claude RIDE, "Etude des échanges thermiques au cours de la cuisson des céramiques. Application à la réduction des cycles de cuisson", Thèse de la faculté des sciences de Paris, 1969, pp.15-22.

[14] Centre pour le Développement Industriel (A.C.P-C.E.E), Blocs de terre comprimée : choix du matériel de production, 1ère éd. Septembre 1988.

[15] Innocent DUSENGIMANA, "Rapport résumé sur le projet briques cuites", Université Nationale du Rwanda, 1992, pp.2-10.

[16] BARDIN C., "Comportement des matières premières à la cuisson", Centre Technique des Tuiles et Briques (CTTB), 1977, 27 pages.

[17] Lucien ALVISET, "Matériaux de terre cuite", Technique de l'Ingénieur. Vol. C1, N°C905, Edition ISTRA BL. 1996.

[18] J. WILEY & SONS, "Encyclopedia of Textiles, Fibers, and Nonwoven Fabrics", Encyclopedia reprint series, Martin Grayson edition, 1984.

[19] Hans-Erik GRAM, Hakan PERSSON, Ake SKARENDAHL, "Natural Fibre Concrete", Rapport d'un projet de Recherche et Développement de "Swedish Agency for Research Cooperation with developing countries" (SAREC), 1984.

[20] Thierry D'ANSELME, "Matériaux composites renforcés par des fibres végétales en particulier par des fibres de lin", Thèse de l'Université de Rennes I, 1997, pp. 26-40

[21] Ministère de la Coopération et du Développement / République Française.
Mémento de l'agronome, 4ème édition. 1991, pp.1015-1048.

[22] Jean BOURELY, "Ontogénie des fibres textiles de l'Hibiscus cannabinus L. (Malvacée) ", Publication extraite de "Coton et Fibres tropicales", Vol.35, Fascicule 3, 1980, pp.312-316.

[23] JOOP J.V. COLIJN, "Molded and non-molded ramie fiber non-wovens in reinforcement and stabilizer application for composites", Techtextil Symposium 1994, Lecture n°312

[24] J.WEISS, C. BORD, "les matériaux composites- Structure, constituants, Fabrication", CETIM, 1983

[25] John F. KENNEDY; Glyn O. PHILLIPS; Peter A. WILLIAMS, "The chemistry and processing of wood and plant fibrous materials",Woodhead publishing, pp.165-170.

[26] K.G.SATYANARAYANA, K.SUKUMARAN, P.S.MUKHERJEE, C.PAVITHRAN, S.G.K.PILLAI, "Natural Fibre-Polymer Composites", Cement & Concrete Composites 12, 1990. pp.117-136.

[27] K.G.SATYANARAYANA, K.SUKUMARAN, A.G.KULKARNI, S.G.K.PILLAI, P.K.ROHATGI, "Fabrication and properties of natural fibre-reinforced polyester composites", Composite, 17, 4, Oct. 1986.

[28] J.GIRIDHAR, KISHORE, R.M.G.K.RAO, "Moisture Absorption Characteristics of Natural Fibre Composite", Journal of Reinforced Plastics and Composites, Vol.5, April 1986.

[29] H.BELMARES, A.BARRERA, E.CASTILLO, E.VERHEUGEN, M.MONJARAS, "New Composite Materials from Natural Hard Fibers", Ind. Eng. Chem. Prod. Res. Dev. Vol 20, 1981, pp 555-561

[30] CARLOS A. CRUZ RAMOS, "Natural Fiber reinforced thermoplastics",
Chemistry division, polymers department, Centro de investigacion Cientifica de Yucatan Mexico.

[31] N.Y.ABOU-ZEID, A.WALY, A.HIGAZY, A.HEBEISH, "$Fe2+$ - Thiourcadioxyde- H_2O_2 Induced Polylmerization of various Vinyl Monomers with Flax Fibers", Die Angewandte Makromolekulare Chemie 143, n°2328, 1986, pp 85-100.

[32] Georges CHAMPETIER, "Les fibres textiles, naturelles, artificielles et synthétiques", Collection Armand Collin.Paris, pp.10-40.

[33] Catherine SABONNADIERE, "Etude des interactions du dioxyde de titane avec les fibres cellulosiques", Thèse Univ JF., Grenoble I, 1992

[34] G.A. PARKS, "The isoelectric points of solid oxides, solid hydroxides and aqueous hydroxo complex systems", Chemestry R. 1965. pp.65-177.

[35] SIGG J., "Les produits de terre cuite", Paris; Septima, 1991, 494 pages

[36] ALLENT T., "Granulométrie", Technique de l'Ingénieur, Analyse et caractérisation, N°P1040, 1988, p.25.

[37] Rose HO-YICK-CHEONG, "La brique de terre crue comprimée et stabilisée au ciment : caractéristiques et propriétés physico - mécaniques",
Thèse de l'Université Joseph-Fourier- Grenoble I. 1989.

[38] ELABBADI Ahmed, "Mécanisme de durcissement des briques en terre stabilisée à la chaux", Conditions de cure et choix des terres, Thèse de l'Ecole Nationale Supérieure des Mines de Paris, 1986.

[39] CLIFTON J.R; DAVIS F.L., "Mechanichal properties of adobe", National Bureau of Standards, 1979, pp 39.

[40] CLIFTON J.R; BROWN P.W., "Methods for characterizing adobe building materials", U.S. Department of Commerce, National Bureau of Standards, 1978, pp 52.

[41] CLIFTON J.R., "Preservation of historic adobe structures", A status report, U.S. Department of Commerce, Nationanl Bureau of Standards, Washington, 1977, pp 30.

[42] EYRE T.A., "The physical properties of adobe used as a building material", The University of New Mexico, Bulletin Vo. 1 n°3. 1935.

[43] SCHWALEN H.C., "Effect of soil texture upon the physical characteristics of dobe brick", Agricultural Experimental Station Technical Bul.58. 1935.

[44] WEBB T.L., "The properties of compacted soil and soil-cement mixtures for use in building", National Building Research Institute Serie Dr 2, 1950.

[45] CHANG C.W., "An experimpental study on the development of adobe structures in soils", Soil Science, Vol. 52, 1941, pp. 213-227

[46] Mohamed KHEMISSA, "Recherches expérimentales sur les propriétés mécaniques d'une argile molle naturelle", Thèse de l'Ecole Nationale des Ponts et Chaussées.

[47] Csaba SURI, "Etude du couplage des phénomènes d'absorption et d'endommagement dans un composite verre-epoxy", Thèse de L'UFR des Sci. & Techniques de l'Université de Fanche-Comté 1995, pp. 32; 46-50.

[48] Publication du Centre Technique des Tuiles et Briques, Facteurs influençant le séchage. P.30.

[49] SHERWOOD T.K., "The drying of solid", Tome I & II, Vol.21, 1929. pp.12-16 & pp.976-980.

[50] LEWIS R.W., "Drying induced stresses in porous bodies", International Journal of Numerical Methods in Ingineering, Vol.11. 1977, pp.1175-1184;

[51] CRANK J., "The Mathematics of diffusion", Clarendon press Oxford.1975.

[52] WILLIAM D. Callister; Jr., "Materials Science and Engineering", Department of Metallurgical Engineering of The University of Utah. 4th edition, 1996, pp.90-100.

[53] JAMES A. SHELBY, "Introduction to glass science and technology", New York State College of Ceramics and Alfred University, 1997. pp.158-160.

[54] DONALD R. Askeland, "The Science and Engineering of Materials", 3th edition. 1994. pp.429-430.

[55] F.H.M.M. COSTA; J.R.M. D'ALMEIDA, "Effect of water absorption on the mechanical properties of sisal and jute fiber composites", Polymer-Plastic Thechnology Engineering. N°38 (5), 1999, pp 1081-1094.

[56] EVANS A.A.; KEEY R.B., "The moisture diffusion coefficient of an shrinking clay on drying", The Chemical Engineering Journal. 1975. pp 126-135.

[57] Frédéric JACQUEMIN, "Modélisation et simulation des contraintes internes dans les structures tubulaires composites épaisses", Thèse de l'Université Blaise Pascal – Clermont II, 2000.

[58] Denis PAUL, "Contraintes Hygrothermiques dans les matériaux composites stratifiés : Modélisation et mise en évidence expérimentale",
Thèse de l'université Jean Monnet de Saint-Etienne, 1996.

[59] R. SHAAN, "Etude du comportement mécanique de la maçonnerie en briques, "Thèse de l'Université des Sciences et Techniques de Lille Flandres Artois, 1987, pp.55-60.

[60] Association Française de Normalisation (AFNOR),
▪ Agglomérés, blocs en béton de granulats courants pour murs et cloisons, NF P14-301; Septembre 1983.
▪ Briques pleines ou perforées et blocs perforés en terre cuite à enduire.
NF P13-305; Mai 1977.

[61] P. Rochas, "Fibre reinforced materials technology". Van Norstrand Reinhold Co, London

[62] G.KALAPRASAD, Joseph KURUVILLA, Thomas SABU, "Influence of Short Glass Fiber Addition to the Mechanical Properties of Sisal Reinforced Low Density Polyethylene Composite", Journal of "Composite Materials", Vol.31, N°5, 1997, pp.509-520.

[63] Navin CHAND; P.K. ROHATGI, "Adhesion of sisal fibre-polyester system", Polymer Communication, Vol.27, May 1986.

[64] I.K. VARMA, S.R. ANANTHA KRISHNAN, S.KRISHNAMOOR THY, "Composite of glass/modified Jute fabric and Unsatured Polyester resin", Composite, Vol.20, N°4, July 1989, pp.99; 383-388.

[65] M.SOTTON, R.MONROCQ, "Evolution de la structure et des propriétés des fibres de lin en mèches au cours des traitements de dégommage et d'ennoblissement", Bulletin Scientifique Industrie du Textile Français (ITF);Vol.6, n°21- Février 1977.

[66] N. ARUMUGAM, K. TAMARE SELVY, K. VENKATARAO, "Coconut-fiber-Reinforced Rubber Composite", Journal of Applied Polymer Science, Vol.37, 1989, pp.2645-2659.

[67] P.MANI, K.G. SATYANARAYANA, "Effects of the surface treatments of lignocellulose fibers on their debonding stress", Journal Adhesion Science Technologie, Vol.4, n°1, pp.17-24, 1990.

[68] E.T.N. BISANDA, M.P. ANSELL, "The effect of silane treatment on the mecanichal and physical properties of sisal-epoxy composites", Composites and Science and Technologies 41; 1991; pp.165-178.

[69] C.MORVAN, "Recherche et biotechnologie végétales : application au lin", Journées d'échanges Franco-Allemands sur le lin, Mai 1992, Rouen.

[70] M.K. SRIDHAR, G.BASAVARAPPA, S.G. KASTURI, BALASUBRAMANIAN, "Mecanichal Properties of Jute-Plyester Composite, "Indian Journal of Technologie, 22, Juin 1984, pp.213-215.

[71] D.S. VARMA, M.VARMA, I.K. VARMA, "Coir fibers. 3 Effects of Resine Treatment on Properties of Fibers and Composites", Idian Eng. Chemical, Prod. Res. Dev., Vol.25, n°2, 1986.

[72] Manika VARMA, "Coir fibers : Modifications, characterizations and application in fibrous composites", Indian Institute of Technology, Delhi, November 1985.

[73] F.CARRASCO; J.ARNAU; B.V.KOKTA; P.PAGES, "Influence de l'exposition aux basses températures sur les propriétés mécaniques des composites polyéthylène-fibres de bois", Composite N°2, 1993.

[74] Daniel GAY, "Matériaux composites", Traité des Nouvelles Technologies. Série Mécanique, 3ᵉ édition 1991, pp.60-63.

[75] S.S. TRIPATHY; L. DI LANDRO; D. FONTANELLI; A. MARCHETTI; G. LEVITA, "Mechanical Properties of Jute Fibers and Interface Strength with an Epoxy Resin", Journal of Applied Polymer Science, Vol. 75. 2000. pp 1585-1596.

[76] Gita N. RAMASWAMY, Elizabeth P. EASTER, "Durability and Aesthetic Properties of Kenaf/Cotton Blend Fabrics", Textile Research Journal. N°67 (11), 1997, pp. 803-808.

[77]   ZIMMERMAN M.John, LOSURE S. Nancy, "Mechanical Properties of Kenaf Bast Fiber Reinforced Epoxy Composite Panels", Journal of Advanced Matérials, 1997, pp. 32-38.

[78]   Ovidiu ROMANOSCHI, Simona ROMANOSCHI, John R. COLLER, Billie J. COLLIER, "Kenaf Alkali Processing", Cellulose Chemestry Technology, N°31, 1997, pp. 347-359.

[79]   Weiying TAO, Timothy A. CALAMARI, Frederick F.SHIH, Changyong CAO, "Characterization of kenaf fiber bundles and their nonwoven mats", Tappi Journal, Vol. 80, N°12, Dec.1997, pp.162-166.

[80] Gita N. RAMASWAMY, Jinhua WANG, "Mercerization and Dyeing of Kenaf/Cotton Blend Fabrics", Textile Chemest and Colorist, March 1999, Vol.31, N°3, pp27-31.

[81] P.CASTAING, "Vieillissement des matériaux composites verre-polyester en milieu marin : délaminage d'origine osmotique", Thèse de doctorat, Institut Polytechnique de Toulouse, 1992

**ANNEXE I : Carte du Togo montrant les sites des gisements d'argile
et des zones de culture des fibres**

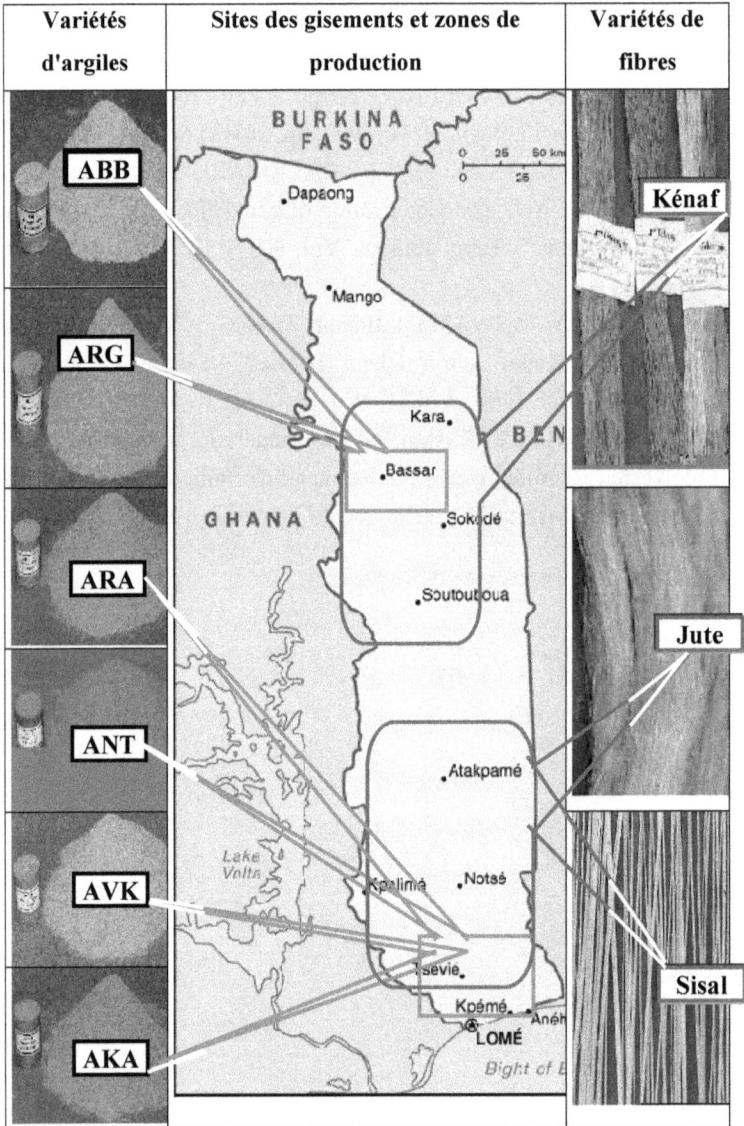

Variétés d'argiles	Sites des gisements et zones de production	Variétés de fibres

**ANNEXE II : Schémas de l'outillage de fabrication
artisanale de tuiles et d'une tuile romane.**

Annexe II-1 :   Schéma du cadre métallique

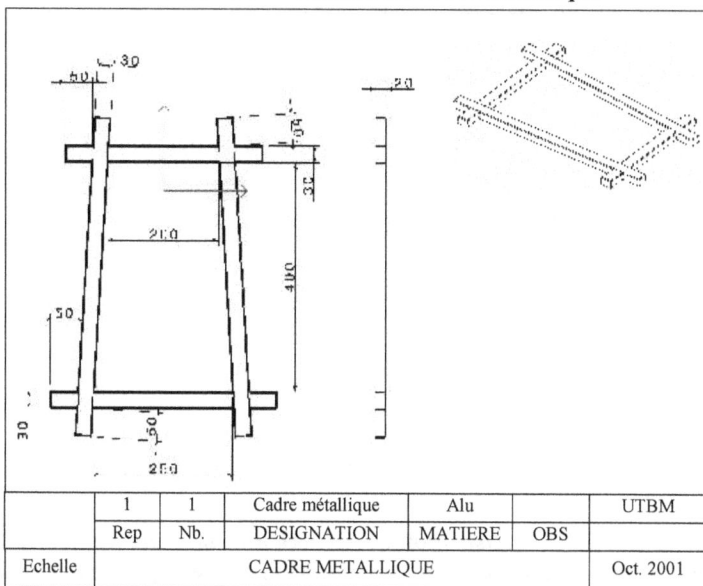

	1	1	Cadre métallique	Alu		UTBM
	Rep	Nb.	DESIGNATION	MATIERE	OBS	
Echelle			CADRE METALLIQUE			Oct. 2001

Annexe II-2 :   Schéma du mandrin tronconique

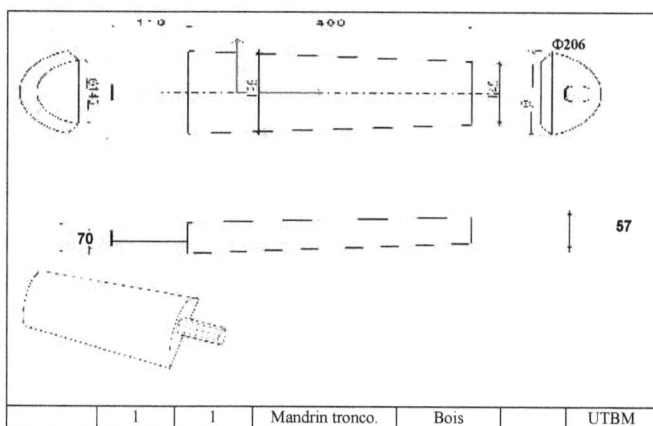

	1	1	Mandrin tronco.	Bois		UTBM

Annexe II-3 : Schéma d'une tuile romane (dimensions standard)

	1	1	Tuile romane	Argile		UTBM
	Rep	Nb	DESIGNATION	MATIERE	OBS	
Echelle			TUILE ROMANE			Oct. 2001

ANNEXE III : Démonstration des expressions mathématiques de la masse volumique absolue, de la masse volumique apparente et de la porosité des matrices d'argile

Annexe III-1 : Expression de la masse volumique absolue

L'échantillon de matière sèche de masse m est dilué puis malaxé dans un pycnomètre, le tout complété d'eau. M_1 représente la masse de la solution du pycnomètre puis M_2 la masse d'un volume équivalent d'eau distillée.

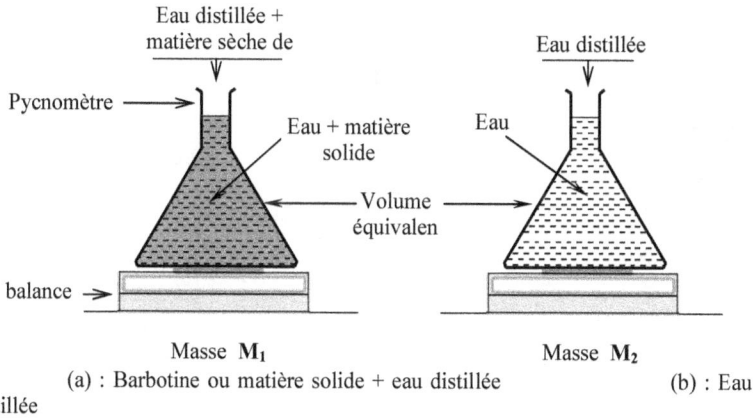

Masse M_1 Masse M_2

(a) : Barbotine ou matière solide + eau distillée   (b) : Eau distillée

Figure A : pesage d'un volume équivalent de dilution et d'eau distillée

En désignant par Va le volume absolu de matière sèche de masse m (figure A-a), Ve₁ le volume d'eau distillée ayant servi à la dilution de matière sèche (Figure A-a), et par Ve₂ le volume équivalent d'eau distillée (figure A-b), on peut écrire :

$M_1 = \rho_a.Va + \rho_{eau}. Ve_1$ avec ρ_a la masse volumique absolue de matière sèche et ρ_{eau} la masse volumique de l'eau distillée.

$M_2 = \rho_{eau}.Ve_2$

Sachant que le volume du contenu de masse M_1 et le volume du contenu de masse M_2 sont équivalents, on a :

$M_2 = \rho_{eau}. (Va + Ve_1)$ et

$M_2 - M_1 = Va.(\rho_{eau} - \rho_a)$ avec $\rho_a = \dfrac{m}{Va} \rho_a$

$M_2 - M_1 = \dfrac{m}{\rho_a}(\rho_{eau} - \rho_a)$ d'où l'expression : $\rho_a = \dfrac{m}{(m + M_2 - M_1)} .\rho_a$

Annexe III-2: Expression de la masse volumique apparente de la matrice d'argile

L'échantillon de matrice sèche d'argile de masse **m** est enduite de paraffine. La masse M_1 de la matrice enduite est pesée. La masse M_2 de la matrice enduite et immergée dans l'eau distillée est également pesée (figures B-a, b, c).

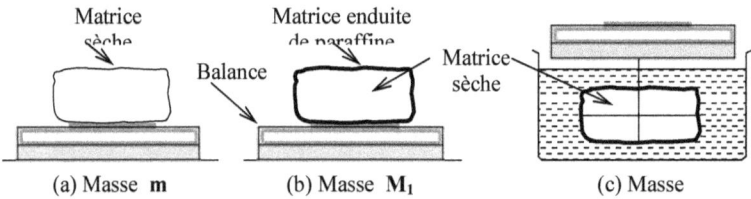

(a) Masse **m**   (b) Masse M_1 (c) Masse

Figure B: Pesage de la matrice sèche d'argile, enduite de paraffine et lorsqu'elle est immergée.

Soient V_1 le volume de la matrice enduite et V_p et ρ_p le volume et la masse volumique de la paraffine enduite.

La masse volumique apparente de la matrice ρ_o vaut : $\rho_o = \dfrac{m}{V_1 - V_p}$

La masse de paraffine enduite sur la matrice vaut : $\rho_p . V_p = M_1 - m$

d'où : $V_p = \dfrac{M_1 - m}{\rho_p}$

La masse d'eau déplacée par l'échantillon immergé (figure B-c) vaut :

$\rho_{eau} . V_1 = M_1 - M_2$ d'où $V_1 = \dfrac{M_1 - M_2}{\rho_{eau}}$

L'expression de la masse volumique apparente de la matrice vaut alors :

$$\rho_o = \dfrac{m}{\dfrac{M_1 - M_2}{\rho_{eau}} - \dfrac{M_1 - m}{\rho_p}}$$

Annexe III-3 : Expressions de la porosité de la matrice d'argile

L'échantillon de matrice sèche d'argile de masse **m** est imbibé d'eau sous vide. La masse humide M_h de l'échantillon imbibé d'eau est pesée. La masse M_i de la matrice imbibée puis immergée dans l'eau distillée est également pesée (figures C-a, b, c).

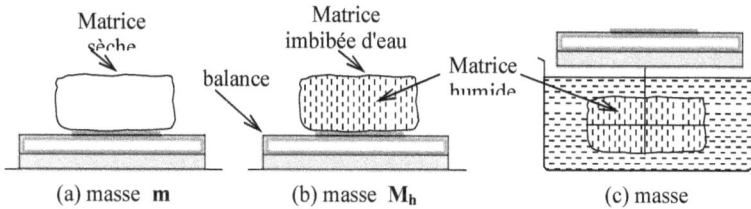

(a) masse **m**   (b) masse M_h (c) masse

Figure C: Pesage de la matrice sèche d'argile, de la matrice humide hors de l'eau et lorsqu'elle est immergée

La porosité est égale au rapport du volume du vide par rapport au volume total de la matrice.

- **Expression de la porosité partielle : Ψ**

Dans le cas de le porosité partielle, le volume du vide représente le volume des pores interconnectés, c'est-à-dire le volume d'eau ayant imbibé la matrice.

Soient v_e le volume d'eau contenue dans les interstices et V le volume total de la matrice. On a : $\psi = \dfrac{v_e}{V}$

La masse d'eau contenue dans les interstices de la matrice vaut :

$\rho_{eau} . v_e = M_h - m$

d'où $v_e = \dfrac{M_h - m}{\rho_{eau}}$

La masse d'eau déplacée pendant l'immersion (figure C-c) vaut :

$\rho_{eau} . V = M_h - M_i$ d'où $V = \dfrac{M_h - M_i}{\rho_{eau}}$

On a alors : $\psi = \dfrac{M_h - m}{M_h - M_i}$ soit

$$\boxed{\psi = 100 . \dfrac{M_h - m}{M_h - M_i} \quad \text{(en \%)}}$$

- **Expression de la porosité totale :** Ψ_T

La porosité totale prend en compte les pores interconnectés et les pores fermés.

Le volume du vide représente alors le volume des pores interconnectés et des pores fermés.

Soient v_a le volume absolu des particules solides de la matrice et V le volume de la matrice.

On a : $\quad \psi_T = \dfrac{V - v_a}{V} = \dfrac{V - \dfrac{m}{\rho_a}}{V}$,

ρ_a désignant la masse volumique absolue des grains solides.

Sachant que : $vV = \dfrac{M_h - M_i}{\rho_{eau}}$, on a : $\psi_T = \dfrac{\dfrac{M_h - M_i}{\rho_{eau}} - \dfrac{m}{\rho_a}}{\dfrac{M_h - M_i}{\rho_{eau}}}$

$\psi_T = 1 - \dfrac{\rho_{eau} \cdot m}{\rho_a (M_h - M_i)} \qquad \psi_T = \dfrac{\rho_a - \dfrac{m}{M_h - M_i} \cdot \rho_{eau}}{\rho_a}$

Soit : $\qquad \boxed{\psi_T = 100 \cdot \dfrac{\rho_a - \dfrac{m}{M_h - M_i} \cdot \rho_{eau}}{\rho_a}} \quad \text{(en \%)}$

ANNEXE IV: Courbes contraintes-déformations des matrices
d'argile à l'état sec et à l'état humide à 500°C, 850°C et 1060°C :
ANT, ARG, ARK et ARA

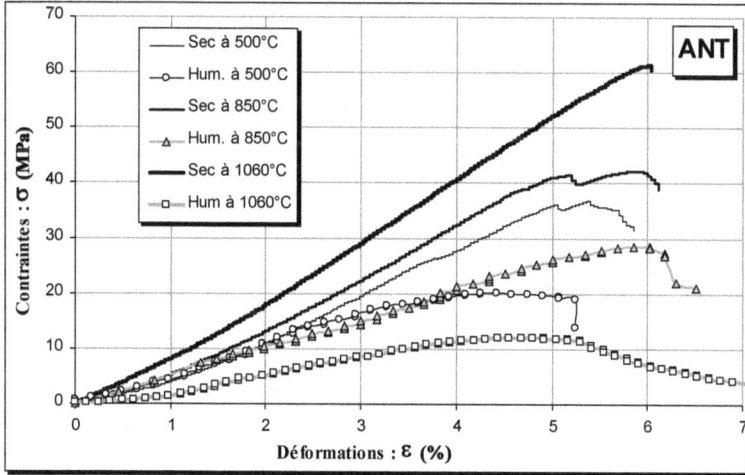

Figure D : Courbes contraintes-déformations des matrices
d'Argile Noire de Togblékopé

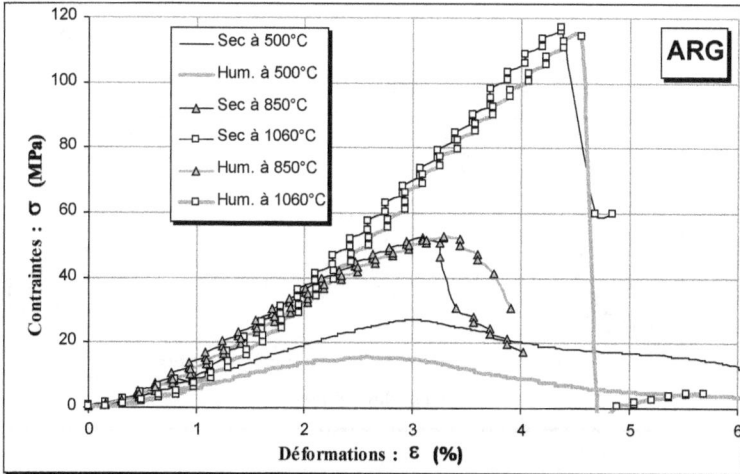

Figure E : Courbes contraintes-déformations des matrices
d'Argile Rouge de Guérin-Kouka

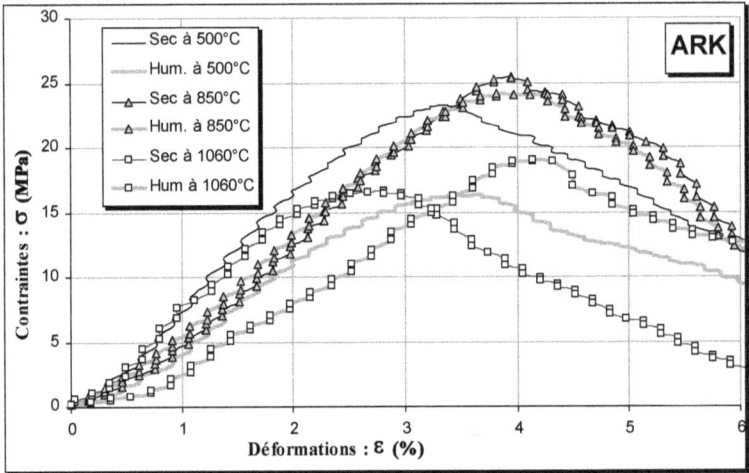

Figure F : Courbes contraintes-déformations des matrices d'Argile Rouge de Kouvé

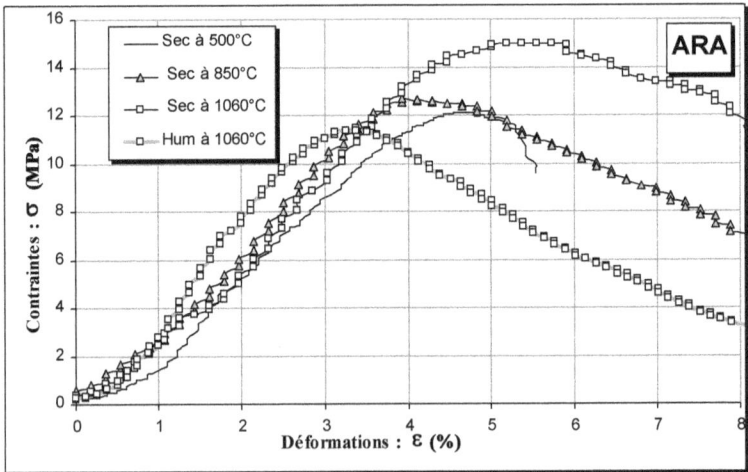

Figure G : Courbes contraintes-déformations des matrices d'Argile Rouge d'Albi-2

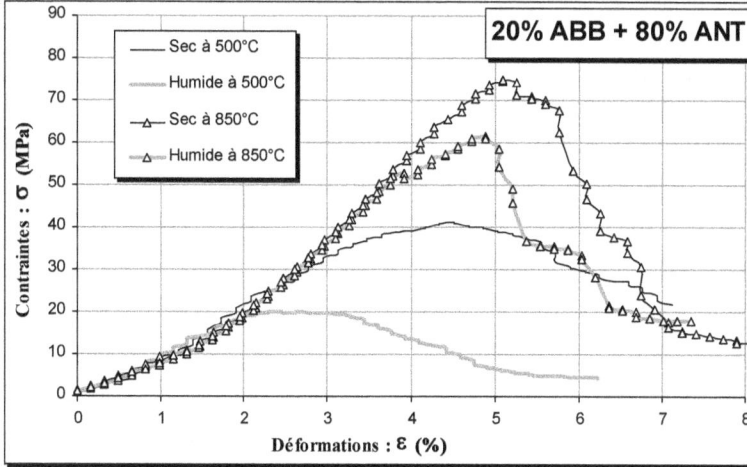

Figure H : Courbes contraintes-déformations des matrices composées:
20% d'Argile Blanche de Bangéli + 80% d'Argile Noire de Togblékopé